Wieland Proske
Clemens Schröder

Eisenbahnreviere
Münsterland / Emsland

Wieland Proske
Clemens Schröder

EISENBAHN-REVIERE

Münsterland / Emsland

transpress

Titelbild:
Eine 140 überquert mit ihrem Eilzug von Münster nach Emden den Küstenkanal in Dörpen, 29.9.1991.
(CS)

Foto auf den Seiten 2 und 3:
212 293 + 624 647/924/624 616 als N 7330 Münster–Coesfeld am 14.8.1989 zwischen Tilbeck und Havixbeck. Die V 100 lief planmäßig als Vorspann vor dem Triebwagen, um eine Lz-Fahrt zu vermeiden; sie zog dann am Abend den Nahgüterzug Coesfeld–Münster.
(WP)

Mit Ausnahme der historischen Aufnahme des Hauptbahnhofs Münster (S. 15) stammen alle Fotos von den Autoren Wieland Proske (WP) und Clemens Schröder (CS).

ISBN 3-344-71020-6

1. Auflage 1996

Ein Unternehmen der Paul Pietsch Verlage GmbH & Co.

Lektor: Horst-Werner Dumjahn, Mainz.
Einbandgestaltung: Jürgen Schumann.
Satz: Alber Fotosatz GmbH, 74385 Pleidelsheim.
Druck: Gulde-Druck, 72070 Tübingen.
Bindung: E. Riethmüller, 70176 Stuttgart.
Printed in Germany.

Vorwort

Die herrliche Landschaft des Münsterlandes, diese Parklandschaft mit den zahlreichen Wasserschlössern und den ungezählten Fahrradwegen, erfreut sich als Freizeitziel zunehmender Beliebtheit. Zahlreiche Ausflügler erkunden die Region per Rad auf den endlos langen „Pättkes“, wie die schmalen Wege durch Feld und Flur hier genannt werden, und dürfen dabei erkennen, daß der Landstrich gar nicht so platt ist, wie sie vorher dachten. Immerhin erheben sich die Baumberge bis zu einer Höhe von 186 Metern über dem Meeresspiegel.

Das Münsterland wird begrenzt durch die Lippe im Süden, die holländische Grenze im Westen und den Teutoburger Wald im Osten. Im Norden schließt sich das Emsland an, die weite und idyllische Region rechts und links der Ems, eine Heide- und Moorlandschaft mit der Kreisstadt Meppen im Mittelpunkt. Wer will, kann hier noch Natur pur erleben.

Wir wollen Ihnen in diesem Buch die Eisenbahnen der beiden Regionen vorstellen, ohne jedoch hier und da einen Hinweis auf weitere Sehenswürdigkeiten zu vergessen. Wie in anderen Teilen Deutschlands wurden auch im Münsterland und Emsland in den vergangenen Jahrzehnten zahlreiche Bahnlinien im Personenverkehr stillgelegt oder sogar abgebaut. Aber viele Strecken haben sich gehalten, sind ausgebaut und modernisiert worden und erfreuen sich eines wachsenden Zuspruchs. Während insbesondere in den Weiten des westlichen Münsterlandes Strecken von den Karten verschwunden sind, ist Münster, die alte Hauptstadt der Provinz Westfalen, als Eisenbahnknotenpunkt bedeutend wie eh und je. Die einzige verbliebene Strecke mit Personenverkehr im Emsland ist die Strecke Rheine–Leer–Norddeich Mole, über die Grenzen Deutschlands hinaus bekannt als „Emslandstrecke“, die letzte Einsatzstrecke der Dampflokomotiven des einstmals berühmten Bw Rheine. Doch bieten sicherlich gerade auch die „privaten“ Güterzugstrecken dem Eisenbahnfreund besondere Anziehungspunkte, so zum Beispiel die Emsländische Eisenbahn, die grenzüberschreitende Bentheimer Eisenbahn oder die Westfälische Landes-Eisenbahn.

Wieland Proske
Clemens Schröder

Inhalt

1 Die Entstehung des Eisenbahnnetzes im Münsterland und im Emsland

Noch ehe in Deutschland am 7. Dezember 1835 die erste Eisenbahnlinie zwischen dem gewerbeverständigen Nürnberg und dem industriereichen Fürth eröffnet wurde, gab es auch in Westfalen bereits erste Pläne zum Bau von Eisenbahnverbindungen. So hatte schon 1825 der westfälische Landtagsabgeordnete Friedrich Harkort in einer von ihm herausgegebenen Zeitschrift namens „Hermann" auf die Wichtigkeit der Eisenbahn für die Entwicklung des Raumes hingewiesen. „Man verbinde Elberfeld, Köln und Duisburg mit Bremen oder Emden, und holländische Zölle sind nicht mehr. Wie glänzend würden die Gewerbe von Rheinland-Westfalen bei einer solchen Verbindung sich gestalten", so schrieb er in seiner Abhandlung. Im Januar 1831 wiederholte Harkort diesen Vorschlag vor der westfälischen Ständeversammlung als Antrag: „Verbindung der Lippe mit der Weser vermittelst einer Eisenbahn" und legte abermals die Notwendigkeit einer Verbindung vom Rhein zur Nord- und Ostsee aus handelspolitischen Gründen dar. Es vergingen Jahre, doch trotz mancher weiterer Vorstellungen und Vorschläge tat sich nichts. Im Jahre 1836 schließlich kam das Mindener „Komitee für die Eisenbahnanlage zur Verbindung des Rheins mit der Weser" zustande. Flugs begann man Prospekte und Denkschriften zu versenden und um Aktienzeichnung zu ersuchen, denn schon damals ging ohne finanzielle Unterstützung wenig. Die Köln-Mindener Eisenbahn (Köln–Dortmund–Hamm–Rheda–Minden) konnte schließlich am 15. Oktober 1847 in ihrer Gesamtlänge befahren werden. Westfalen hatte damit seine erste Eisenbahnlinie. Bereits projektiert war zu diesem Zeitpunkt eine Zweigbahn von Hamm nach Münster. Diese von der Münster-Hammer Eisenbahn-Gesellschaft erbaute Bahnverbindung wurde am 26. Mai 1848, zunächst nur für den Personenverkehr, eröffnet. Auch andere Städte und Regionen strebten bereits nach dem Anschluß an die Eisenbahn.

So tauchte 1845 in Rheine der Gedanke auf, über Ibbenbüren und Osnabrück eine Verbindung zur Köln-Mindener Bahn herzustellen. Auch spielte man mit dem Gedanken, in westlicher Richtung eine Anbindung nach Holland zu erlangen. Angestrebt wurde ferner eine Bahnverbindung nach Ostfriesland, und nicht zuletzt erwartete man eine Anbindung von Rheine an die Münster-Hammer Eisenbahn. Im März 1846

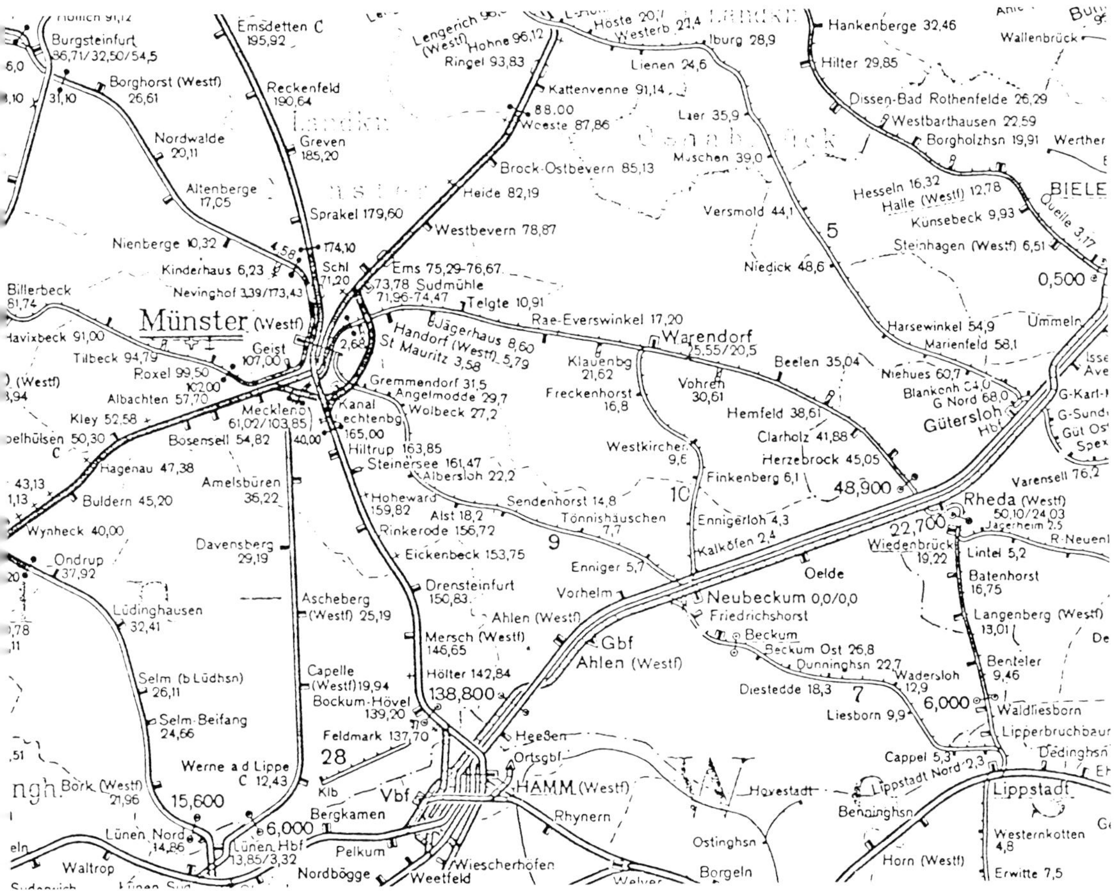

Ausschnitt DB-Streckenkarte von 1952, östliches Münsterland (mit freundlicher Genehmigung der Deutschen Bahn AG, GB Netz).

kam es zwischen Preußen und Hannover zu einem Vertrag über die Anlage einer Bahn von Emden nach Münster und einer weiteren Bahnlinie, anschließend an die Köln-Mindener Bahn bei Löhne, über Osnabrück zur holländischen Grenze. Geregelt wurde in diesem Vertrag unter anderem auch die Zulassung der Weiterführung der letztgenannten Bahn auf jeweils fremdem Gebiet. Noch völlig unklar war zu diesem Zeitpunkt, ob das preußische Rheine oder das hannoversche Lingen Kreuzungspunkt mit der Emslandbahn werden sollte. Zunächst kam es in dieser Angelegenheit zu einem längeren Stillstand. Im Jahre 1852 war abermals ein Vertrag zwischen Preußen und Hannover zustande gekommen, in dem sich beide Landesregierungen verpflichten, jeweils innerhalb ihres Gebietes die Eisenbahn von Emden nach Münster herzustellen, wo sie Anschluß an die Münster-Hammer Bahn haben sollte. Ferner regelte der Vertrag den Bau der Linie Löhne–Osnabrück–Rheine–holländische Grenze. Zu diesem Zeitpunkt war im Königreich Hannover der Bau des Abschnittes Emden–Leer – Papenburg bereits in Angriff genommen worden, die Strecke konnte am 24. November 1854 eröffnet werden. In Preußen hingegen war 1854 der Verlauf der Bahn zwischen Münster und Rheine noch „in der Diskussion“, wie wir heute sagen würden. Sowohl eine Führung über Emsdetten als auch über Burgsteinfurt wurde gefordert. Erst im Mai 1855 wurde die Linienführung festgelegt. Eile war geboten, denn man wollte die Bahn zusammen mit der Strecke Osnabrück – Rheine, deren Bau bereits 1853 begonnen hatte, spätestens zum 1. April 1856 fertigstellen. Etwas länger hat es allerdings doch gedauert, nach Eröffnung des Abschnittes Lingen–Papenburg am 2. Mai 1856 war am 20. Juni 1856 der große Tag gekommen: Sonderzüge fuhren mit Vertretern der Regierungen von

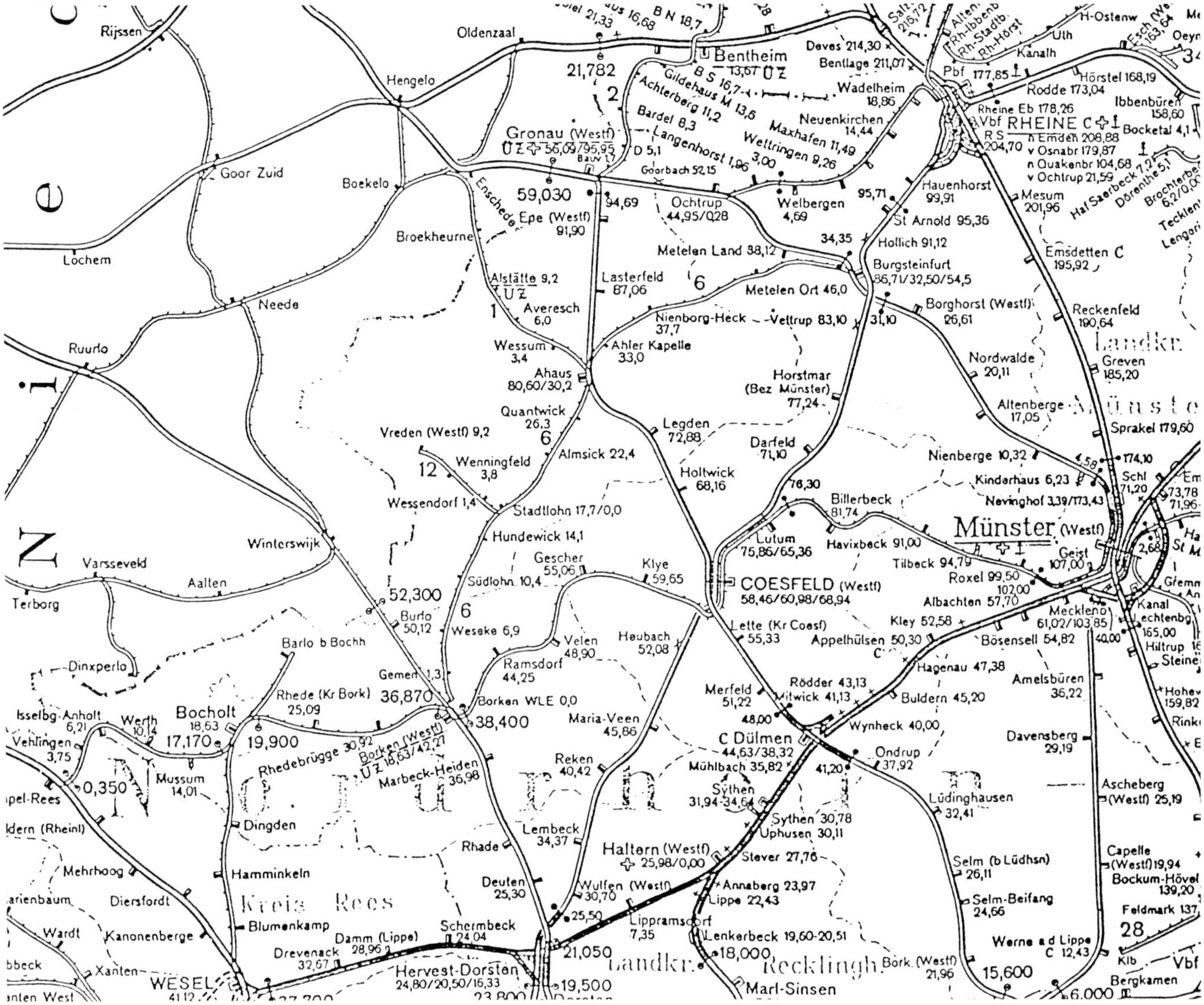

Ausschnitt DB-Streckenkarte von 1952, westliches Münsterland, (mit freundlicher Genehmigung der Deutschen Bahn AG, GB Netz).

Münster beziehungsweise Osnabrück nach Rheine, um gemeinsam ihren Weg nach Emden fortzusetzen. Drei Tage später wurden die Strecken dem öffentlichen Verkehr übergeben. 1856 wurde auch die Hauptwerkstätte der Hannoverschen Westbahn in Lingen eröffnet. Die schon länger gewünschte Verbindung nach Holland ließ dagegen noch auf sich warten. Die Eröffnung der von der holländischen Eisenbahngesellschaft Almelo-Salzbergen erbauten Bahn von Almelo nach Salzbergen mit Anschluß an die Emslandstrecke fand erst am 18. Oktober 1865 statt. Der Wunsch nach Eisenbahnverbindungen zwischen den Industriegebieten und den Nordseehäfen hielt auch weiter an. So baute die Köln-Mindener Eisenbahn-Gesellschaft eine Bahnlinie vom Ruhrgebiet nach Hamburg. Die unsere Region durchlaufenden Abschnitte Wanne-Eickel–Haltern–Münster waren am 1. Januar 1870 und Münster–Osnabrück am 1.

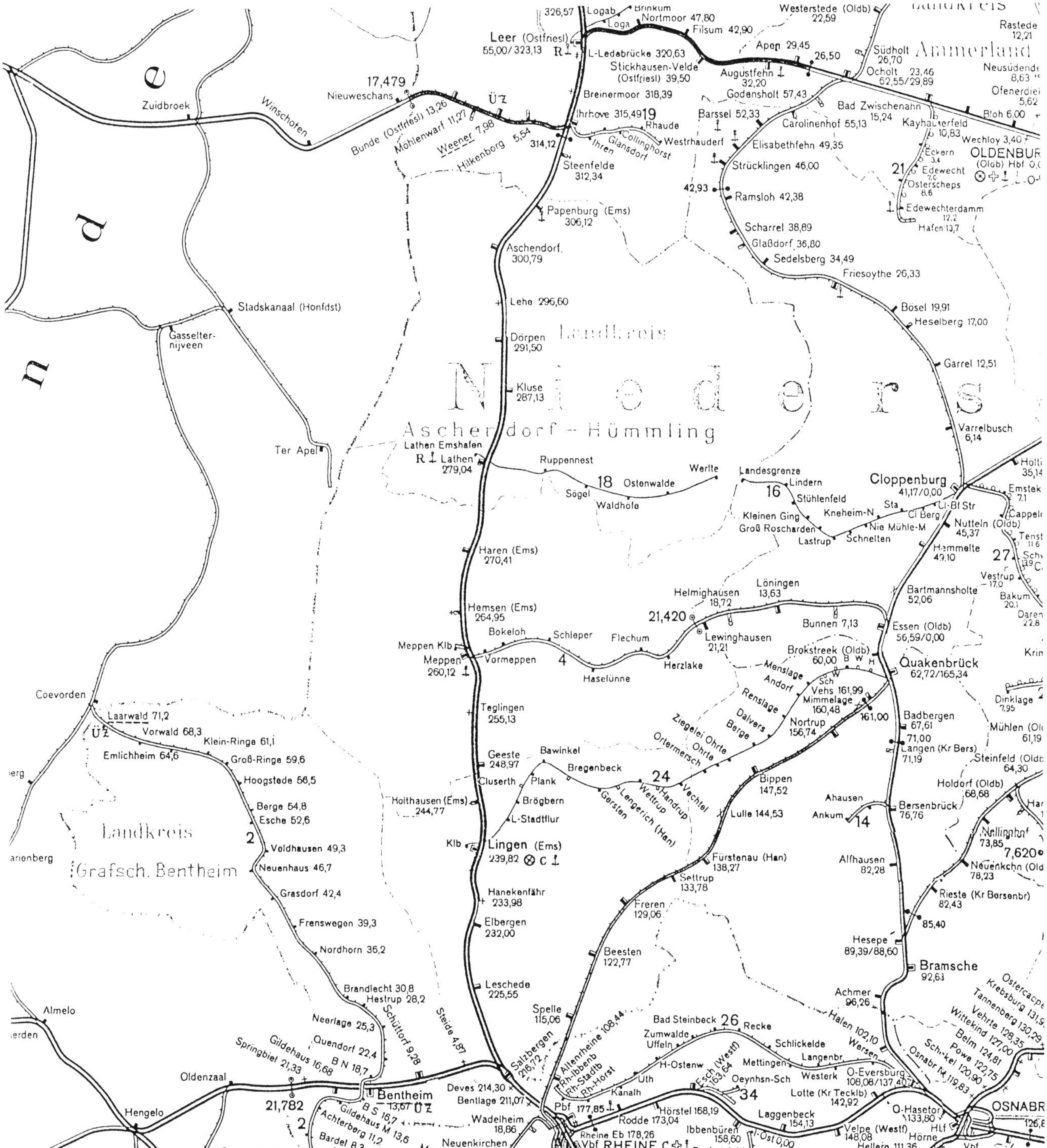

Ausschnitt DB-Streckenkarte von 1952, Emsland,
(mit freundlicher Genehmigung der Deutschen Bahn AG, GB Netz).

Karte aus Kursbuch 1965 (mit freundlicher Genehmigung der Deutschen Bahn AG, GB Netz).

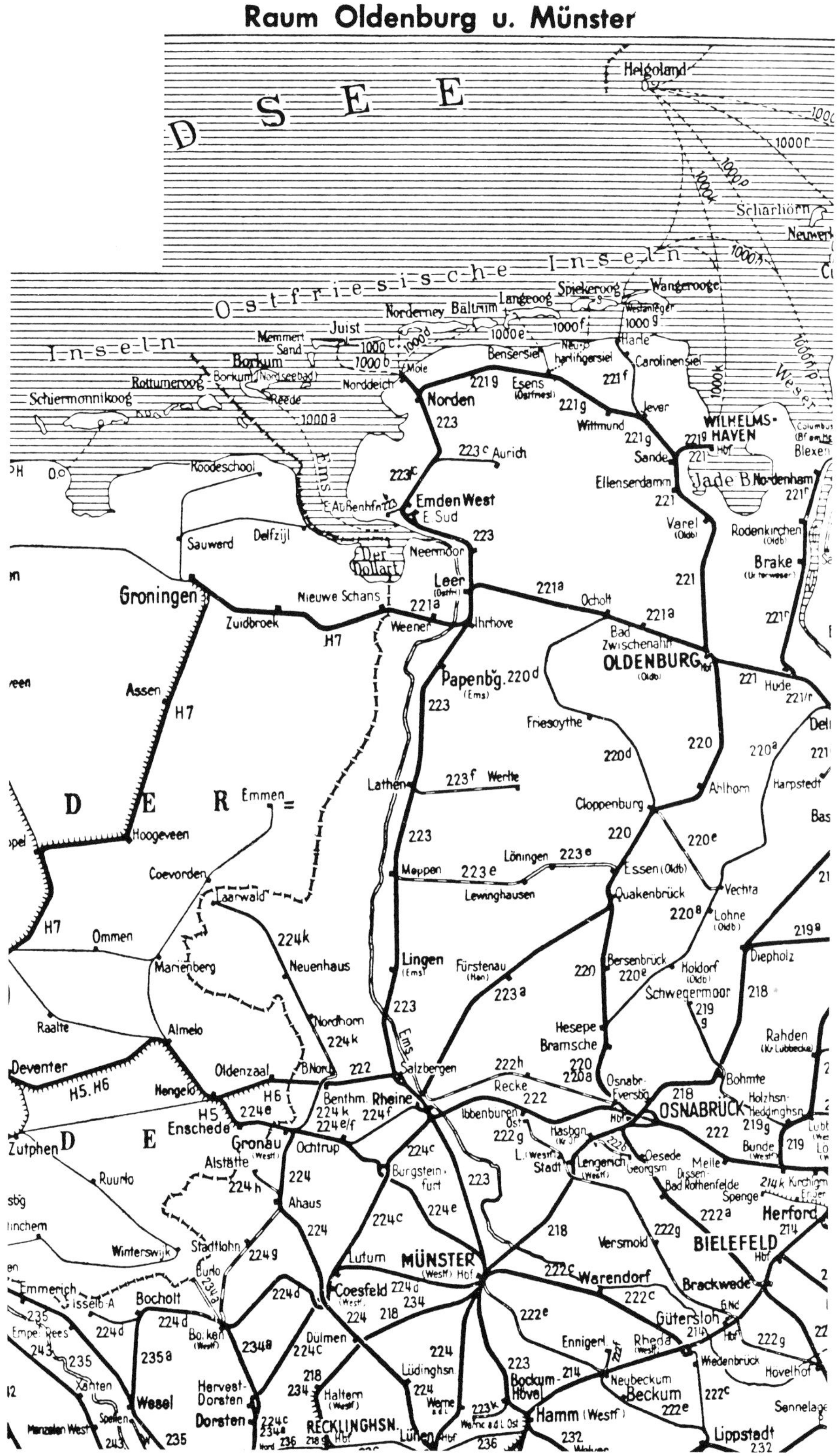

September 1871 fertiggestellt. Eine ebenfalls von der Köln-Mindener Eisenbahn-Gesellschaft erbaute Strecke von Haltern nach Wesel als Teil einer Verbindung Hamburg–Venlo wurde am 1. März 1874 dem Betrieb übergeben. Auch die Rheinische Eisenbahn-Gesellschaft kam auf den Gedanken einer Verbindungsbahn zu den Seehäfen; sie konnte, nachdem ihr 1873 die Genehmigung für den Bau und Betrieb erteilt worden war, am 1. Juli 1879 die Strecke Oberhausen Osterfeld Nord–Coesfeld–Rheine–Quakenbrück in Betrieb nehmen. In Quakenbrück bestand Übergangsmöglichkeit auf die Bahnlinie Osnabrück–Oldenburg (1875/76 eröffnet, mit Anschluß an die Bahnen nach den Hafenstädten Wilhelmshaven und Bremen).

1855 erschien in Coesfeld eine Denkschrift, die den Bau einer Eisenbahn von Dortmund über Lünen, Dülmen, Coesfeld und Burgsteinfurt nach Rheine zum Ziel hatte. Aufgabe dieser Bahn sollte zum einen die Erschließung des westlichen Münsterlandes sein, zum anderen die Herstellung eines Anschlusses an die Lippe bei Lünen. Ferner könnte mit dieser Bahnlinie eine kürzere Verbindung vom Niederrhein zu den Emshäfen geschaffen werden als über Hamm–Münster, so die Begründung der Initiatoren. Nicht immer wurden alle Pläne in der gedachten Form verwirklicht, wenngleich sie dann doch oft in abgewandelter Art wieder auftauchten und die ursprünglichen Planungen so schließlich doch noch zum Erfolg führten. So wurde mit der bereits erwähnten Strecke Oberhausen–Quakenbrück auch ein Teil dieser Planungen von 1855 in die Tat umgesetzt. Und wer heute auf die Streckenkarte schaut, der weiß, daß auch die Bahnlinie von Dortmund über Lünen nach Coesfeld gebaut wurde. 1872 erhielt die Dortmund-Gronau-Enscheder Eisenbahn-Gesellschaft die Konzession für eine Strecke von Dortmund über Coesfeld und Gronau bis zur Reichsgrenze, die im Abschnitt Dortmund–Lünen am 25. November 1874, in den Abschnitten Lünen–Dülmen am 15. Juni 1875, Dülmen–Coesfeld am 1. August 1875 und Coesfeld–Gronau am 30. September 1875 eröffnet wurde. Zeitgleich wurde von der Münster-Enscheder Eisenbahn-Gesellschaft die Verbindung von Münster über Burgsteinfurt nach Gronau erbaut, eröffnet auf der Gesamtlänge ebenfalls am 30. September 1875. Mit großem Hurra fand die Eröffnungfahrt an diesem Tag von Münster nach Enschede und zurück statt; eine neue grenzüberschreitende Bahnverbindung war geschaffen. Auf niederländischer Seite bestand bereits seit 1868 eine Gleisverbindung von Enschede bis an die Grenze bei Glanerbrück, wo nun der Anschluß hergestellt wurde.

Am 1. Juli 1878 erfolgte die Eröffnung der von der Linie Oberhausen–Emmerich abzweigenden Bahn Wesel–Bocholt der Köln-Mindener Eisenbahn-Gesellschaft. Grenzüberschreitenden Anschluß daran nahm im August 1880 die Stichbahn Winterswijk–Barlo–Bocholt der Niederländisch-Westfälischen Eisenbahn-Gesellschaft (NWE). Zwei Monate vorher, am 21. Juni 1880, war bereits die Strecke Gelsenkirchen-Bismarck–Borken (Westf)–Winterswijk der NWE dem Betrieb übergeben worden. Bereits 1856, als die Eröffnung der Eisenbahnstrecke Arnheim–Emmerich–Oberhausen bevorstand, gab es Pläne zum Bau einer in West-Ost-Richtung verlaufenden Bahnstrecke vom Niederrhein bei Emmerich über Coesfeld und Münster nach Paderborn. Zu diesem Zeitpunkt war die gewünschte Bahn noch als Fernverbindungslinie gedacht, daraus wurde jedoch nichts. Dennoch: Jahrzehnte später wurden Eisenbahnstrecken geplant und gebaut, die in ihrem Verlauf etwa den Planungen von 1856 entsprachen. Im östlichen Münsterland wurde am 25. Juni 1887 die 1883 konzessionierte Strecke Münster–Warendorf– Rheda–Lippstadt fertiggestellt (das Teilstück Münster–Warendorf wurde bereits am 10. Februar 1887 eröffnet). Recht lange hingegen dauerte die Fertigstellung der West-Ost-Verbindung im westlichen Münsterland. Nach Erteilung der Genehmigung für den Bau der Bahnstrecke Empel–Münster im Jahre 1897 wurde die Bahn in mehreren Abschnitten eröffnet. Insbesondere die schwierigeren topographischen Verhältnisse im Bereich der Baumberge, aber auch Streitigkeiten um die Linienführung im Teilabschnitt Coesfeld–Münster verzögerten die Gesamteröffnung erheblich. Am 1. August 1901 erfolgte die Eröffnung des Abschnittes Empel–Bocholt (bereits seit Dezember 1900 Güterverkehr Empel–Isselburg-Anholt), gefolgt von den Abschnitten Bocholt–Borken (am 1. August 1902), Borken–Coesfeld (am 1. Oktober 1904), Münster–Havixbeck (am 15. Oktober 1907), Coesfeld–Billerbeck (am 1. März 1908) und Billerbeck–Havixbeck als letztem Teilabschnitt am 1. Mai 1908.

Waren es bis zum Ende des 19. Jahrhunderts zumeist überregionale Bahnlinien, die gebaut wurden, um Wirtschaftszentren oder Regionen untereinander zu verbinden, so entstanden um die Jahrhundertwende zunehmend Strecken mit regionaler oder lokaler Bedeutung.

Zu Beginn des 20. Jahrhunderts entstanden auch weitere Verbindungen über die Grenze zu den Niederlanden. Hierzu gehören die Strecken Ahaus–Enschede (25. April 1903), Isselburg-Anholt–Doetinchem (Mai 1903), Gronau–Losser–Oldenzaal (Juli 1903), Bocholt–Lichtenvoorde (1910) und die Verbindung der Bentheimer Eisenbahn. Schon am 16. April 1896 war zur Erschließung des Kreises Bentheim das Teilstück Bentheim–Neuenhaus eröffnet worden, mit Anschluß an die Staatsbahn in Bentheim. Verlängerungen erhielt die Bentheimer Eisenbahn mit dem Bau der Abschnitte Gronau–Bentheim (eröffnet am 21. Juni 1908), Neuenhaus–Emlichheim (23. Dezember 1909) und dem grenzüberschreitenden Abschnitt Emlichheim–Coevorden (Holland), der am 1. September 1910 in Betrieb genommen wurde.

An die Emslandstrecke Rheine–Leer anschließend entstanden folgende Bahnverbindungen: Von Meppen ausgehend wurde am 17. Oktober 1894 die Strecke Meppen–Haselünne der Meppen-Haselünner Eisenbahn eröffnet, diese Linie erhielt 1902 eine Verlängerung bis Herzlake und am 1. September 1907 eine Fortführung bis Lewinghausen, zum Anschluß an die dortige Bahnlinie Essen (Oldb)–Lewinghausen.

In Lathen eröffnete die Hümmlinger Kreisbahn im Jahr 1898 daran anschließend die schmalspurige Strecke Lathen–Werlte. Ebenfalls schmalspurig wurde die Kleinbahnstrecke Lingen–Berge–Quakenbrück erbaut, deren Eröffnung in das Jahr 1904 fällt.

Im Jahr 1905 erfolgte die Inbetriebnahme der schmalspurigen Kleinbahn Piesberg–Rheine; ebenfalls 1905 wurde die Strecke Ochtrup–Rheine eröffnet.

Ein Jahr zuvor, 1904, war die Bahnstrecke Werne–Ermelinghof (später: Bockum-Hövel) fertiggestellt worden (mit Anschluß an die Strecke Hamm–Münster in Bockum-Hövel).

Die Westfälische Landes-Eisenbahn, die ihr Netz im Sauerland begonnen hatte, baute auch im Münsterland mehrere Strecken. Es entstanden die Strecken Neubeckum–Warendorf (abschnittsweise von 1899 bis 1901 eröffnet), Münster–Neubeckum (1. Oktober 1903) und die nicht an das WLE-Streckennetz anschließende „WLE-Nordbahn“ Borken (Westf)–Ahaus–Burgsteinfurt mit einer in Stadtlohn abzweigenden Strecke nach Vreden (1. Oktober 1902).

Im Zuge des Bahnbaus der Linie Preußen–Lünen–Münster entstand eine Materialbahn zwischen Rinkerode und Ascheberg, welche ab 1917 für wenige Jahre auch der Personenbeförderung diente. Die Bahnverbindung Preußen–Münster wurde am 18. Oktober 1928 als letzte dem Personenverkehr dienende Eisenbahnstrecke im Münsterland und Emsland eröffnet. Seit dem 5. Oktober 1930 ergänzt die Güterumgehungsbahn in Münster das bestehende Streckennetz.

2 Die Bahn in Münster

Der Hauptbahnhof und die nähere Umgebung

Wie bereits im ersten Kapitel erwähnt, erhielt die Provinzhauptstadt Westfalens den ersten Eisenbahnanschluß im Jahre 1848. Der seinerzeit von der Münster-Hammer Eisenbahn erstellte Bahnhof befand sich zu ebener Erde im Bereich des Servatiiplatzes. Mit Eröffnung der Strecke Wanne–Münster durch die Köln-Mindener Eisenbahn-Gesellschaft erhielt Münster neben dem bereits bestehenden „Westfälischen Bahnhof" eine zweite, östlich angrenzende Station, genannt „Köln-Mindener Bahnhof". Nachdem es in den folgenden Jahrzehnten zu auf Dauer untragbaren

Vor dem ersten und sicher schönsten Hauptbahnhofsgebäude von Münster bot die Straßenbahn einen Anschluß in verschiedene Stadtteile. Foto: Dr. Robert Jüttemann, Slg. Volker Resing; Aufnahmejahr: 1928.

Die „Leeze" (= Fahrrad) ist in Münster ein wichtiges Fortbewegungsmittel und dementsprechend zahlreich rund um den Hauptbahnhof anzutreffen. Sicherlich eine bundesweite Rarität ist die hier geltende „Parkzeitbegrenzung" für Fahrräder von zwei Tagen. Aufnahme am 22.2.1995. (CS)

Ehemaliges Stellwerk Mn (Münster Nord), Münster Hbf, 11.4.1992. (WP)

624 506+924 426+924 421+624 628 am 7.2.1989 als N 7078 nach Gronau, dahinter das Gebäude der ehemaligen Bundesbahndirektion Münster. (WP)

Behinderungen mit dem städtischen Verkehr gekommen war, erfolgte um 1890 daher die Hochlegung der Bahnanlagen und der Neubau des Bahnhofgebäudes an der Stelle des heutigen Empfangsgebäudes. Wie in der wilhelminischen Epoche üblich, war der Bau mit reichlichen Verzierungen und zwei die Haupthalle flankierenden Türmchen ausgestattet. 1930 wurde das Gebäude zum Teil aufgestockt und die vorher schmuckreiche Fassade gleichzeitig „versachlicht"; die Türmchen entfielen dabei ersatzlos. Im Zweiten Weltkrieg wurde – neben der gesamten Altstadt – auch der Bahnhof in Trümmer verwandelt. Das danach entstandene, heute noch existierende Empfangsgebäude repräsentiert den in den fünfziger Jahren üblichen Stil in Glas und Beton, mit ausschließlich rechtwinkligen und großflächig gleichbleibend langweiligen Stilelementen.

Unmittelbar nördlich neben dem Empfangsgebäude des Hauptbahnhofs befindet sich das Gebäude der ehemaligen Bundesbahndirektion Münster. Nach der Auflösung der BD im Jahre 1974 beherbergt das Gebäude heute die „Sozialverwaltung Nord" (Krankenkasse für Bundesbahnmitarbeiter); einige Etagen sind an Privatunternehmen vermietet worden. Der Stil dieses Gebäudes entspricht dem des Hauptbahnhofs. Im Innenhof sind noch wenige Fassadenteile des früheren Gebäudes, die den Krieg überstanden haben, zu sehen.

In Münster ist nicht nur der Bahnhof einen Besuch wert. Nicht weit ist es von hier bis zur Innenstadt, die über die Salzstraße oder die Windthorststraße zu erreichen ist. Vor dem Hauptbahnhof und in der Windthorststraße sind Tausende von Fahrrädern (in Münster „Leeze" genannt) von Berufspendlern, die nach Münster mit dem Zug anreisen, abgestellt. Zentrum der 1200jährigen Stadt ist der Prinzipalmarkt mit seinen Giebelhäusern, von vielen auch als der „schönste Busbahnhof" Deutschlands bezeichnet (kein Individualverkehr, aber über 1500 Busse pro Tag). Vom Prinzipalmarkt über den Michaelisplatz sind es nur wenige Schritte bis zum Domplatz, danach noch knapp 10 Minuten bis zum Schloß, das heute die Universitätsverwaltung beherbergt. Vom Schloß zurück in Richtung Eisenbahn bietet sich ein Abstecher ins „Kuhviertel" an, wo zahlreiche urige Kneipen zum Verweilen einladen. Doch nun – oder besser erst am nächsten Tag – zurück zum Hauptbahnhof.

Von Norden kommend münden in den Hauptbahnhof – von West nach Ost betrachtet – die Strecken von Rheine, Osnabrück und Rheda ein. Am südlichen Ende verlassen auf der Westseite die Strecken nach Hamm und nach Coesfeld den Personenbahnhof, auf der Ostseite die Strecken nach Wanne-Eickel und nach Dortmund; dazwischen erstrecken sich das (ehemalige) Bahnbetriebswerk, der Güterbahnhof und die Reisezugwagen-Abstellgruppe.

Etwa 2,5 km südlich des Hauptbahnhofs beschreiben die Wanner und die Dortmunder Gleise einen Schwenk nach Südwesten und unterqueren gemeinsam die Hammer Strecke. Im folgenden Betriebsbahnhof Geist – betrieblich eine Mischung aus Bahnhof, Abzweigstelle und Blockstelle – verläßt das

111 210 mit IR 2214 Heidelberg–Norddeich im Bereich der Güterabfertigung Münster am 9.7.1993. (WP)

Blick auf Münster Hbf vom Dach der ehem. BD am 21.8.1992. Im Hintergrund ist in der Mitte der Lokschuppen zu erkennen, rechts daneben die Strecke nach Hamm, links die Gleise nach Haltern und Dortmund. Am Bahnsteig von links: 140 658 mit N 8631 nach Osnabrück, 110 369 angekommen mit D 2418 von Frankfurt am Main, 140 487 (rot) mit E 3279 nach Rheine, dahinter am Südende vom Bahnsteig 1 ein 624 nach Coesfeld. Rechts vom letzten Wagen des Zuges nach Rheine befindet sich die Haupthalle des EG. (WP)

112 500 am 11.3.1976 mit E 2635 nach Gleis 3 (heute 4) des Hbf Münster einfahrend; links der Lokschuppen, rechts das ehem. Brücken-Stellwerk Mw (Münster West). (WP)

Am 14.8.1983 passierte eine 601-Garnitur im Rahmen einer Sonderfahrt das inzwischen abgerissene Stellwerk Mo (Münster Ost), dessen Aufgabe durch das Zentralstellwerk übernommen wurde. (CS)

103 140 mit IC 613 am 8.3.1984 im Betriebsbahnhof (Bbf) Geist; der Zug wechselt gerade von der Wanner auf die Dortmunder Strecke; die Lok befindet sich auf der Weichenverbindung vom Gleis Münster–Wanne zum Gleis Wanne–Münster; rechts das Dortmunder Gleis; links das Coesfelder Gleis; über dem IC die Überführung der Hammer Strecke; diese Brücke gibt es inzwischen nicht mehr. (WP)

DR 112 106 mit D 2531 Saarbrücken–Cuxhaven am 6.6.1993 im Bbf Geist. Der Zug kommt aus Richtung Haltern; hinter dem 1. Wagen ist die Strecke nach Dortmund zu sehen; rechts, damals noch an das Coesfelder Gleis angeschlossen und schon reichlich zugewachsen, die ehem. Brückenmeisterei. (WP)

2x 141 in verschiedenen Farben und ein 624 in seinem ursprünglichen Anstrich vor dem Lokschuppen; links präsentierte sich am 23.6.1984 noch das mittlerweile abgerissene Gebäude der Lokleitung des Bw Münster. (CS)

Dortmunder Gleis die Wanner Strecke und biegt nach Süden ab. Nördlich der Wanner Gleise kommt jetzt das Coesfelder Gleis hinzu, das bisher neben der Hammer Strecke verlief. Neben dem Betriebsbahnhof Geist sind noch die Werkhallen und Kranbahnen der ehemaligen Brückenmeisterei (Brm) zu sehen; zwischenzeitlich hat die Natur das Areal zurückerobert – der entstehende Birkenwald ist unübersehbar. Die frühere Anbindung der Brückenmeisterei an das Coesfelder Gleis wurde inzwischen entfernt.

Wenige Meter südlich des Überführungsbauwerkes über die Hafenstraße zweigt auf der Ostseite das Gleis in Richtung des WLE-Bahnhofes Münster Ost ab, das zugleich auch die Verbindung zum Stadthafen I (am Hafenweg), der von der DB bedient wird, bildet. Andere Teile des Hafengebietes werden dagegen von der WLE bedient.

Von der DB bedient wird der Containerbahnhof, der sich wenig nordöstlich von der Überführung der Hammer Strecke über die Dortmunder und die Wanner Gleise befindet und seinen Straßenanschluß an der Robert-Bosch-Straße hat. Neben dem Containerbahnhof führt ein Anschlußgleis ins Gewerbegebiet Siemensstraße.

Ein weiterer Anschluß zweigt am westlichen Bahnhofskopf des Betriebsbahnhofs Kanal nach Süden ab; er bedient einen Obst- und Gemüse-Großmarkt im Industriegebiet Höltenweg / Kesslerweg.

Das Bahnbetriebswerk Münster

Obwohl Münster – in zeitlicher Folge – Sitz einer Königlichen, einer Reichsbahn- und einer Bundesbahn-Direktion war und nach wie vor ein bedeutender Eisenbahnknotenpunkt ist, hatte das Bahnbetriebswerk (Bw) Münster nie eine überregionale Bedeutung wie etwa – in nächster Nachbarschaft und früher auch in derselben Direktion – das Bahnbetriebswerk Osnabrück, das zur DB-Dampflokzeit die leistungsstärksten Schnellzug- und Güterzuglokomotiven der Baureihen 01, 01.10, 03, 41 und 44 beheimatete.

Ein noch vorhandender, lediglich sechsständiger Rechteckschuppen mit davorliegender, inzwischen ausgebauter Drehscheibe und relativ weit davon entfernt liegende ehemalige Behandlungsanlagen zeugen eher von einer geringeren Bedeutung. Waren hier in der bei Modellbahnern beliebten Epoche um 1960 noch einige Loks der BR 38, 50, 78, 93.5 und 94 beheimatet, so lichteten sich schon bald die Bestände. Relativ früh endete die Dampflokbeheimatung, und zwar schon im Mai 1967.

Ab 1959 kam die damals neue V 100.10 fabrikfrisch nach Münster. Diese Baureihe und ihre verstärkte Nachfolgerin V 100.20 hielten sich bis Juni 1975 (BR 211) beziehungsweise bis Mai 1978 (BR 212). Ebenfalls 1959 wurden einige Köf III (332) frisch ab Werk

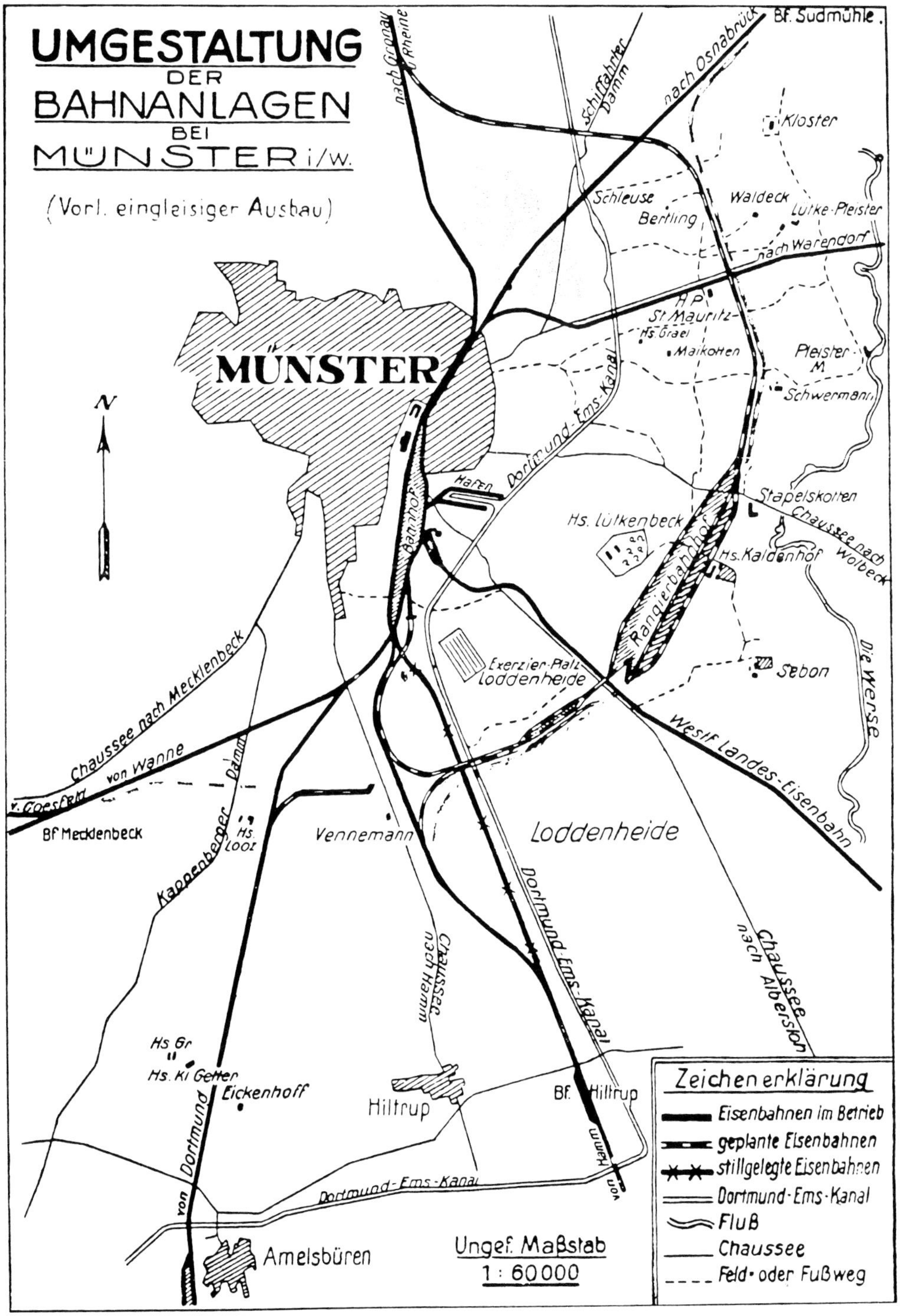

Umgestaltung der Bahnanlagen bei Münster. Karte aus „Das schöne Münster“, Heft 20, Münster 1930

dem Bahnbetriebswerk Münster zugeteilt. In Münster ab 1960/61 beheimatete V 60, darunter auch zum Teil neu ab Hersteller gelieferte Loks, verließen bis Mai 1978 das hiesige Bahnbetriebswerk in Richtung Hamm. Einige VT 25 waren beim Bahnbetriebswerk Münster von 1963 bis 1966 beheimatet – wohl aber mehr „zum Abfahren"; sie wurden 1966 ausgemustert. Allerletzte „eigene" Loks des Bahnbetriebswerks Münster waren – sic transit gloria – Kleinloks der Leistungsgruppe II (323) und III (332); sie wurden im September 1985 nach Hamm umbeheimatet.

Heute ist das ehemalige Bahnbetriebswerk Münster nur noch Personaleinsatzstelle. Sie firmiert, wie man dem Schild am Eingang entnehmen kann, neuerdings so: „Deutsche Bahn AG, Geschäftsbereich Traktion, Regionalbereich Essen, Zweigniederlassung Münster". Tempora mutantur!

Übrige technische Dienststellen

Die früher eigenständigen Dienststellen Bahnmeisterei (Bm), Hochbaubahnmeisterei (Hbm) und Nachrichtenmeisterei (Nm) haben in der Praxis ihren bisherigen Aufgabenbereich behalten, sind aber organisatorisch in einem Gemeinschaftsbüro zusammengefaßt worden. Auch hier hat man inzwischen beeindruckende neue Türschilder angebracht, so zum Beispiel bei der ehemaligen Nachrichtenmeisterei dieses: „Deutsche Bahn AG, Geschäftsbereich Netz, Niederlassung Münster, Signaltechnik und Telekommunikation".

Die Güterumgehungsbahn

In Münster gibt es seit 1930 eine Güterumgehungsbahn (Eisenbahner-Jargon: „U-Bahn"), die den stark belasteten Münsteraner Hbf von Güterzugdurchfahrten der Relationen Hamm – Osnabrück und Wanne-Eickel – Osnabrück entlastet. Güterzüge aus Richtung Wanne-Eickel verlassen in Mecklenbeck die Strecke 425 und gelangen über eine eingleisige Strecke zum Betriebsbahnhof Kanal (kurz davor wird der Dortmund-Ems-Kanal überquert, daher der Name). Güterzüge aus Richtung Hamm zweigen circa 2 km nördlich von Hiltrup am Abzweig Lechtenberg von der Strecke 410 ab und erreichen den Betriebsbahnhof Kanal über eine zweigleisige Strecke. Nach dem Betriebsbahnhof Kanal geht es eingleisig bis zur Überleitstelle Pleister weiter, dann zweigleisig zum Betriebsbahnhof Sudmühle. Der eingleisige Abschnitt zwischen Kanal und Pleister stellt seit Jahrzehnten ein nicht unbeträchtliches Hindernis für einen flüssigen Betriebsablauf dar. Die Breite des Bahndammes ließe ein zweites Gleis zu, auch die Brückenköpfe sind vorhanden – geändert wurde bis jetzt jedoch nichts.

Im Bereich Kanal – Sudmühle sollte in den dreißiger Jahren ein größerer Rangierbahnhof entstehen, der jedoch über das Planungsstadium nie hinauskam. Die zwischen Pleister und Sudmühle zum Teil ungewöhnlich weit auseinanderliegenden Streckengleise sowie einige ungenutzte Brückenköpfe zeugen noch heute von diesem Vorhaben. Mit dem Bau dieses Rangierbahnhofes sollte die „U-Bahn" im Süden – zwischen Mecklenbeck und dem Betriebsbahnhof Kanal – mittels einer 90°-Kurve einen Anschluß an die Strecke Münster – Dortmund erhalten; im Norden von Münster sollte nach Überquerung der Strecke Münster – Osnabrück (im Bereich des heutigen Stadtteils Mariendorf) beim Betriebsbahnhof Nevinghof die Strecke Münster – Rheine erreicht werden.

Vergangenheit und Zukunft: Münsters ehemalige Straßenbahn

In Stadtgebiet von Münster erinnert derzeit nichts mehr an die über fünfzigjährige Geschichte der Straßenbahn. Kein Denkmal und kein verbliebenes Schienenstück lassen sich ausmachen. Dies soll jedoch anders werden; einige Straßenbahnfreunde aus Münster haben den ehemaligen Wagen 52 der Münsterschen Straßenbahn, der noch in Niedersachsen existierte, aufgekauft, um ihn nach erforderlicher Aufarbeitung an geeigneter Stelle als Denkmal aufzustellen. Doch wann fuhr sie eigentlich, die Straßenbahn? Eröffnet wurde sie im Jahre 1901, der Betrieb wurde schon im Jahre 1954 eingestellt . Im Stadtgebiet wurden drei Linien bedient, die 1938 folgende Ausdehnung erreichten:
Linie 1: Grevener Straße–Halle Münsterland
Linie 2: Fehrbellinweg–Danziger Freiheit
Linie 3: Liboristraße–Nordplatz

Seit einigen Jahren gibt es in Münster mehrere Initiativen, die sich für den Bau einer Stadtbahn einsetzen. Warten wir es ab!

3
Die Hauptstrecke Osnabrück–Bad Bentheim und davon abzweigende Strecken

Von Osnabrück nach Amsterdam

OSNABRÜCK – RHEINE – BAD BENTHEIM (KBS 375)

Mit der „Hannoverschen Westbahn" Löhne – Emden wurde am 23. Juni 1856 das östliche Teilstück der KBS 375, Osnabrück–Rheine–Salzbergen, in Betrieb genommen. Am 18. Oktober 1865 erfolgte die Inbetriebnahme des westlichen Teils Salzbergen–Bentheim (–Hengelo–Almelo) durch die niederländische Eisenbahngesellschaft Almelo-Salzbergen. Zwischen Osnabrück und Rheine wurde der elektrische Betrieb im Jahre 1974 aufgenommen, zwischen Rheine und Bad Bentheim 1976.

Nach Verlassen des sehenswerten Turmbahnhofs Osnabrück Hauptbahnhof, wo die Strecke Münster – Osnabrück – Bremen im oberen Bereich, die Strekken nach Rheine, Hannover, Oldenburg und Delmenhorst im unteren Bereich verlaufen, wird nach kurzer Fahrzeit im Stadtgebiet die Station Osnabrück-Hasetor erreicht, ein günstig zur Altstadt gelegener Haltepunkt. In Osnabrück-Eversburg hingegen halten seit Juni 1991 keine Personenzüge mehr. Eversburg ist Abzweig der Strecken nach Oldenburg/Delmenhorst (Kursbuchstrecken 392 und 394) und der „Tecklenburger Nordbahn". Ferner zweigt hier ein Anschlußgleis zum Piesberg ab. Ohne Halt durchfahren wird nun eine Strecke von 20 km Länge, denn auch die Bahnhöfe Lotte (Kr Tecklb) und Velpe (Westf) wurden im Schienenpersonenverkehr zum Fahrplanwechsel 1991 aufgelassen. Im Gegensatz zum Bahnhof Lotte ist das Empfangsgebäude in Velpe seit über zwei Jahrzehnten dem Erdboden gleichgemacht. Auch nach Einstellung des Personenverkehrs ist das Stellwerk im ehemaligen Empfangsgebäude von Lotte weiterhin mit einem Betriebsbeamten besetzt. In Velpe, in einer Ansiedlung gelegen, sichern zwei einzeln stehende Stellwerke die Bahnübergänge und den Zugverkehr. Doch nicht nur die Stellwerke mitsamt den Formsignalen dürften fotografierende Eisenbahnfreunde begeistern, auch eine Anschlußbahn, die am östlichen Bahnhofskopf von der Hauptstrecke abzweigt und in das südlich der Bahnstation und der Autobahn gelegene Industriegebiet führt, hat schon manches Motiv vermittelt. Der Bahnhof Laggenbeck, zentral im Ort gelegen, präsentiert sich mit gepflegtem Klinkergebäude älterer Bauart. Mit einem moder-

Preussag E-Lok E 101 mit Kohlenzug am 3.5.1994 in Esch. (WP)

nen Empfangsgebäude wartet der Bahnhof der 45 000-Einwohner-Stadt Ibbenbüren auf, Interregio-Halt und Verknüpfungspunkt mit den Buslinien der Region. Für Eisenbahninteressierte erwähnenswert sind zum einen die hier beginnende Strecke der Teutoburger Wald-Eisenbahn nach Gütersloh, zum anderen die Gleisanlagen der Preussag-Zechenbahn, die u. a. das nördliche Stadtgebiet von Ibbenbüren durchlaufen. Die Gleisanlagen der Preussag begleiten uns bis zu der in Püsselbüren gelegenen Bahnstation Esch (Westf), ebenfalls mit einem modernem Bahnhofsgebäude. Zum westlich gelegenen Hafen am Mittellandkanal führt von Esch aus eine längere Anschlußstrecke. Nachdem unsere Bahnlinie mittels einer Bogenbrücke den genannten Kanal überquert hat, sind es nur noch wenige Kilometer bis zur Station Hörstel. Das alte Empfangsgebäude hat inzwischen seine Funktion verloren, nur die beiden Stellwerke an den Ein- und Ausfahrten sind noch mit Eisenbahnern besetzt. Die Gleisanlagen sind bis auf die durchgehenden Hauptgleise abgerissen worden. Ebenso wie die bereits erwähnten, aufgelassenen Halte verlor auch Rodde, das nach Überquerung des Dortmund-Ems-Kanals erreicht wird, zum Fahrplanwechsel 1991 seine Funktion als Personenzugstation, nicht jedoch die Funktion als Blockstelle. Am östlichen Rande von Rheine wird mit der Ems ein weiteres größeres Gewässer überquert. Ein Gleisdreieck eröffnet hier die Möglichkeit, direkt den südlich gelegenen Rangierbahnhof Rheine an der Strecke nach Münster oder aber den nördlich gelegenen Personenbahnhof zu erreichen. Noch verfügt der Bahnhof der alten Eisenbahnerstadt Rheine über mehrere elektromechanische Stellwerke mit Formsignalen, jedoch ist deren Ablösung sicher nur noch eine Frage der Zeit.

141 344 mit E 3856 Bielefeld–Bad Bentheim am 3.5.1994 in Hörstel. Die abgeschnittene Verbindung im Vordergrund führte zur Ladestraße – bis Güterverkehr von der DB auch in diesem Ort nicht mehr erwünscht war. (WP)

110 mit D 2546 Magdeburg–Hengelo (NL) am 13.9.1992 auf der Emsbrücke in Rheine. (WP)

Zwischen Rheine und Salzbergen ist die Strecke relativ dicht belegt, da hier die Züge der Kursbuchstrecke 395 (Münster – Norddeich) hinzukommen. Während die Emslandstrecke Salzbergen in nördlicher Richtung verläßt, schwenkt unsere Strecke nach Westen. Vor der nächsten Station, Schüttorf, wird das Flüßchen Vechte überquert. Nach weiteren 4 km wird Bad Bentheim erreicht, seit der Elektrifizierung Systemwechsel-Bahnhof vom DB-System mit 15 kV/16 2/3 Hz auf 1500 V Gleichstrom der Nederlandse Spoorwegen (NS).

Die Fahrleitungen der wichtigsten Hauptgleise sind auf beide Systeme umschaltbar. Die ggf. notwendige Umschaltung wird durch das Anwählen einer Fahr- oder Rangierstraße auf dem Dr-Stelltisch bewirkt. Erst nach Einspeisung der jeweils „richtigen“ Spannung kommt das jeweilige Haupt- beziehungsweise Rangiersignal auf „Fahrt“. An beiden Bahnhofsköpfen befinden sich kurze Stumpfgleise als Lokwartegleise.

Ein solcher Lok- und Systemwechsel sei hier kurz beschrieben: Nach dem Einstellen der Fahrstraße „Von Oldenzaal nach Gleis 1“ wird die Fahrleitung über Gleis 1 mit 1500 V Gleichstrom gespeist, das Einfahrsignal wechselt auf „Fahrt“, der Zug mit der NS-Lok fährt ein, die Lok wird abgekuppelt und fährt in das Stumpfgleis (vom Hausbahnsteig aus betrachtet: über den Bahnübergang hinweg, dann rechts neben Gleis 1), dessen Fahrleitung auch mit 1500 V Gleichstrom gespeist ist. Mit Einstellen der Rangierstraße für die auf dem Streckengleis schon wartende DB-Lok wird die Spannung über Gleis 1 gewechselt. Die Lok fährt an den Zug, Ankuppeln, Bremsprobe, Abfahrt Richtung Salzbergen. Mit Einstellen der Rangierstraße für die NS-Lok vom Stumpfgleis über Gleis

NS 1202 hat am 9.4.1989 in Bad Bentheim von D 2243 Amsterdam–Hannover abgekuppelt und zieht vor ins Wartegleis (nach dem BÜ nach rechts abzweigend); weiter draußen auf dem Ausfahrgleis wartet schon die DB-Lok; rechts im Bild ein Teil des Direktionsgebäudes der Bentheimer Eisenbahn. (WP)

110 385 hat den D 2243 übernommen und fährt aus in Richtung Rheine; im Wartegleis die NS 1202. (WP)

NS 1635 passiert am 10.9. 1994 mit IR 2342 Berlin–Amsterdam die Grenze BRD/NL bzw. DB/NS zwischen Bad Bentheim und Oldenzaal; die Lok hat gerade den ersten NS-Fahrleitungsmast erreicht; im Gleis Oldenzaal–Bentheim ist deutlich der Wechsel des Oberbaus (von Holz- auf Betonschwelle) zu sehen. (WP)

1 zum westlichen Bahnhofskopf wird die Fahrleitung über Gleis 1 wieder auf 1500 V Gleichstrom umgeschaltet. Analog erfolgt das Verfahren bei einem Systemwechsel in der Gegenrichtung.

Die Fahrleitung im Bahnhof Bad Bentheim sowie auf der Strecke bis zur Grenze (circa 8 km) ist nach deutschen Normen gebaut – lediglich der doppelte Fahrdraht fällt auf. Genau an der Grenze – zwischen Gildehaus und Oldenzaal, bei Kilometer 21,782 – befindet sich der Wechsel von Oberbau und Fahrleitungsbauart. Gildehaus war die letzte Bahnstation auf deutschem Boden. Heute liegen hier nur noch die durchgehenden Hauptgleise; Personenzüge halten hier schon seit über 30 Jahren nicht mehr. Das ehemalige Fahrdienstleiter-Stellwerk „Gf" befindet sich in Privateigentum und wird liebevoll gepflegt.

Sprachprobleme unter den Eisenbahnern der DB und der NS gibt es in Bentheim nicht. Zum einen sprechen die niederländischen Kollegen auch deutsch, zum anderen ist das auf deutscher Seite gebräuchliche Platt dem Niederländischen wesentlich ähnlicher als dem Hochdeutschen.

Zwischen Bad Bentheim und Osnabrück verkehren InterRegio-Züge im Zweistundentakt, teils Amsterdam (Hoofddorp/Schiphol) – Berlin, teils Bad Bentheim – Hannover; hinzu kommen in zweistündigen Abständen Nahverkehrs- und Eilzüge, die über Osnabrück hinaus bis Celle oder Altenbeken verkehren und seit neuestem die nicht eindeutig definierten Bezeichnungen „RB", „RE" oder „SE" tragen. Zwischen Rheine und Osnabrück verkehrt zusätzlich im Zweistundentakt ein Nahverkehrszug, jetzt „SE" genannt. Auch einigen Güterverkehr weist diese Strecke auf.

Vom Piesberg zum Stadtberg – Die Tecklenburger Nordbahn

OSNABRÜCK-EVERSBURG–METTINGEN–ALTENRHEINE

Als „Tecklenburger Nordbahn" bekannt, ist diese Bahnstrecke im Jahr 1905 zunächst als Kleinbahn Piesberg – Rheine schmalspurig eröffnet und 30 Jahre später normalspurig umgebaut worden. Der Güterverkehr wird heute von der Regionalverkehr Münsterland GmbH, einer Tochter der Westfälischen Verkehrsgesellschaft (WVG) durchgeführt. Der Schienenpersonenverkehr auf dem Abschnitt Recke – Osnabrück endete im Jahre 1960, auf dem westlichen Streckenteil im Jahre 1967.

Schauen wir uns den Streckenverlauf an: Die „Nordbahn" beginnt im Bahnhof Osnabrück-Eversburg, inzwischen gibt es auch auf den DB-Strecken Osnabrück–Ibbenbüren–Rheine und Osnabrück–Hesepe–Oldenburg/Delmenhorst keine Personenzugstation mehr, und verläuft zunächst entlang der Kreisstraße 16 durch den Osnabrücker Stadtteil Büren (ehemals Haltepunkt). Hier bestehen Anschlüsse zum dortigen Industriegebiet. Nach Überquerung der Düte mittels einer kleinen Brücke wird Wersen erreicht, dessen ehemaliges Bahnhofsgebäude inzwischen zum Wohnhaus geworden ist. Durch das Waldgebiet Werser Holz – hier befinden sich die sehenswerten „Großen Sloopsteine" (ein Megelithgrab) – läuft die Bahn auf Westerkappeln zu. Zentral im Ort liegt die Bahnstation mit Landhandel, kurzem Bahnsteig und ebenfalls inzwischen als Wohnhaus genutztem früheren Empfangsgebäude. Bei Kilometer 14, am Abzweig der Kreisstraße 20 von der Landstraße 599, gab es eine kleine Zwischenstation namens Langenbrück. Mettingen (Westf) war die größte Zwischenstation mit Lokschuppen und Behandlungsanlagen. In der Nähe des Bahnhofsgebäudes von Mettingen sieht man am Hallenbad ein Seilrad und eine Grubenlok mit Wagen: ein Denkmal zur Erinnerung an den Bergbau. An der nächsten Station, Schlickelde, steht am Kurzbahnsteig sogar noch ein Stationsschild; ein solches ist am Bahnsteig des ehemaligen Haltepunktes Oberespel inmitten der Siedlung Espel nicht mehr vorhanden. Kurz vor Recke quert die Bahn mittels einer Bogenbrücke den Mittellandkanal und erreicht nach einer 90°-Kurve den Bahnhof. Am Platz des ehemaligen Empfangsgebäudes steht seit Jahren eine Halle für die Busse der RVM. Nahe dem Solebad Bad Steinbeck existierte der Haltepunkt gleichen Namens, auch heute zeigt das Stationsschild noch seine Lage an. In Zumwalde, wo neben dem Landhandel auch der alte Güterschuppen anzutreffen ist, fand der Fahrkartenverkauf in dem anliegenden Gasthof statt, wie es auch auf vielen anderen Haltestellen üblich war. In Uffeln passiert die Bahn die traditionsreiche Gastwirtschaft „Mutter Bahr", vor der sich auch der Bahnsteig der Station befindet. Mit der Bahn zum Kaffeetrinken, so etwas gibt es leider heute kaum

Lok 45 der RVM hat am 31.1.1995 mit nur einem Wagen den Abzweig zum Gewerbegebiet Uffeln erreicht und wird nach der Bedienung mit gut einem Dutzend zusätzlicher Wagen ihre Fahrt nach Osnabrück fortsetzen. (CS)

noch. Viele Gasthöfe entlang der Tecklenburger Nordbahn warben in der Zeit des Personenverkehrs mit ihrer günstigen Lage zum jeweiligen Bahnhaltepunkt. Wichtiger Umschlagpunkt im Güterverkehr ist heute die Ausweichanschlußstelle Uffeln. Wenige Meter hinter der Station Uffeln zweigt das Anschlußgleis zum dortigen Industriegebiet am Mittellandkanal ab. Direkt auf der anderen Kanalseite ist das von der Bahnlinie Osnabrück – Ibbenbüren – Rheine bei Püsselbüren zum Kanal abzweigende Anschlußgleis gelegen. In Hörstel-Ostenwalde sind auf dem Gütergleis gewöhnlich diverse Kesselwagen abgestellt, in Uthuisen zeigen der Bahnsteig und das kurze Stumpfgleis die Lage der Bahnstation an. Mittels einer Kastenbrücke überquert die Bahn den Dortmund-Ems-Kanal. Der Haltepunkt Kanalhafen befand sich direkt westlich der Brücke. Vor und hinter der Kanalüberquerung zweigen Anschlußgleise ab. Nun ist es nicht mehr weit bis zu der vom hohen Turm der St. Antonius-Basilika überragten Emsstadt Rheine. Der erste Haltepunkt im Stadtgebiet lag an der namensgebenden Hörsteler Straße. In Rheine-Stadtberg befindet sich die Zugleitstelle, untergebracht im neu erbauten Betriebsgebäude mit Lokhalle, erbaut als Ersatz für den 1993 abgerissenen alten Lokschuppen. In Stadtberg schwenkt die Strecke in nördlicher Richtung ab und nimmt Kurs auf Altenrheine an der Strecke Rheine – Quakenbrück. RVM-Lokomotiven übernehmen auf dieser DB-Strecke die Bedienung der Anschlußstelle Karmann nördlich von Altenrheine. Früher teilte sich in Rheine-Stadtberg die Strecke, neben dem Verlauf nach Altenrheine führte das Gleis durch die Lingener Straße, vorbei an mehreren Anschlüssen, bis zum Endhaltepunkt für die Personenzüge namens „Rheine Ibbenbürener Straße“. Übergangsreisende hatten hier die Möglichkeit, durch einen Fußmarsch von etwa 800 m den Hauptbahnhof zu erreichen, denn erst ab 1956 fuhren die Züge der Nordbahn über Altenrheine hinaus bis zum Rheiner Hauptbahnhof durch. Der Hauptbahnhof in Osnabrück hingegen wurden bereits mit der Umspurung 1935 von den TN-Zügen erreicht.

Die Bahn am Teutoburger Wald

IBBENBÜHREN – GÜTERSLOH NORD (– HÖVELHOF) (TWE)

Vom Teutoburger Wald zur Senne führt die Strecke der Teutoburger Wald-Eisenbahn (TWE), auf dem Abschnitt Gütersloh–Laer am 1. November 1900, ein reichliches halbes Jahr später, am 19. Juli 1901, auf dem Abschnitt Laer–Ibbenbüren mitsamt der Stichstrecke von Brochterbeck nach Saerbeck Hafen am Dortmund-Ems-Kanal eröffnet. 1904 entstand das südliche Teilstück Gütersloh–Hövelhof. Abgesehen vom Museumszugbetrieb dient die Bahn heute ausschließlich dem Güterverkehr. Von besonders kurzer Dauer war der Schienenpersonenverkehr auf der Stichstrecke zum Kanal, er endete hier bereits in den zwanziger Jahren. Zwischen Ibbenbüren und Versmold fuhr ab 1967 kein planmäßiger Personenzug mehr; 1978 wurde auf dem Reststück der Personenverkehr eingestellt.

Heute findet Personenverkehr, wie bereits erwähnt, auf der TWE nur noch in Form der alljährlichen Fahrten der Sonderzüge „Teuto-Expreß“ des Vereins „Eisenbahn-Tradition“ statt, gezogen von der ehemaligen DR-Lok 50 3655.

Vom Bahnhof Ibbenbüren verläuft die Strecke zunächst in südlicher Richtung und durchsticht kurz hinter dem Haltepunkt Bocketal am Dreikaiserstuhl den Kamm des Teutoburger Waldes. In Brochterbeck zweigt in westlicher Richtung die Stichbahn ab, die entlang des „Teuto“ zum Hafen bei Dörenthe führt und nur selten befahren wird. Die Region ist ein bekanntes Ausflugsgebiet, unter anderem seien hier die Dörenther Klippen mit der Felsformation „Hockendes

Am 5.7.1989 war auf der Abzweigstrecke zum Hafen Saerbeck ein Zweiwegefahrzeug unterwegs, hier am Düngerlager Dörenthe zu sehen. *(CS)*

38 1772 mit Zug des Vereins „Eisenbahn-Tradition“ am 6.9.1992 zwischen Ibbenbüren und Brochterbeck. Fotostandort: Hermannsweg. *(WP)*

Empfangsgebäude Bad Iburg der TWE: angenehmer Biergarten unter schattenspendendem Grün; 6.8.1994. (WP)

Weib“ erwähnt oder auch die Sommerrodelbahn südlich von Ibbenbüren. Die Hauptstrecke verläuft ab Brochterbeck am Fuß des Höhenzuges in östlicher Richtung entlang, vorbei am alten Bahnhofsgebäude des sehenswerten Ortes Tecklenburg bis Lengerich. Hier überquert die TWE südöstlich des DB-Bahnhofs die Strecke Münster–Osnabrück. In Lengerich-Hohne sind die Werkstätten der Teutoburger Wald-Eisenbahn angesiedelt. Über die ehemaligen Halte Höste, Westerbeck und Lienen wird Bad Iburg erreicht. Hier ändert die Bahn ihren Verlauf und nimmt nun Kurs in südöstlicher Richtung, verläßt den Höhenzug des Teutoburger Waldes und verläuft nunmehr durch flaches Gelände über Bad Laer, Münschen, Versmold und Niedick auf Harsewinkel und Gütersloh zu.

In Harsewinkel befindet sich die Landmaschinenfabrik Claas, die über eine eigene, nördlich von Harsewinkel abzweigende Anschlußstrecke Harsewinkel–Harsewinkel West verfügt und für ein ansehnliches Güteraufkommen sorgt.

Marienfeld, Niehues und Blankenhagen hießen die kleinen Stationen auf dem Weg zum Kopfbahnhof Gütersloh Nord. Die TWE-Strecke verläuft weiter in Richtung Senne, wo sie im DB-Bahnhof Hövelhof Anschluß an die Strecke Bielefeld–Paderborn hat.

Bahnen in der Grafschaft Bentheim

BAD BENTHEIM–COEVORDEN (BE)

Am 16. April 1896 wurde die Strecke von Bentheim nach Neuenhaus in Betrieb genommen, mehr als zehn Jahre später, am 23. Dezember 1909, bis Emlichheim verlängert und 1910, am 1. September, schließlich bis ins niederländische Coevorden erweitert. Der grenzüberschreitende Personenverkehr nach den Niederlanden wurde mit Kriegsbeginn 1939 eingestellt. Auf dem deutschen Streckenabschnitt zwischen Bentheim und Laarwald erfolgte die Einstellung des Personenverkehrs im Jahre 1974.

Die Bahnanlagen der BE mit dem BE-Bahnhof Bentheim Nord befinden sich nördlich des DB-Bahnhofs. Von hier nimmt die Strecke Kurs in nördlicher Richtung durch den Forst Bentheim, in dem sich auch die Kureinrichtungen des Ortes befinden (früher: Haltepunkt Bad Bentheim). In den folgenden ländlichen Stationen Quendorf, Neerlage und Hestrup sind die ehemaligen Empfangsgebäude noch anzutreffen. Brandlecht läßt sich dagegen schwerer lokalisieren, ist doch das Bahnhofsgebäude hier bereits abgerissen. Die Strecke verläuft überwiegend durch intensiv landwirtschaftlich genutztes Gebiet.

Idyllischer „Kleinbahn"-Güterzug mit BE D13 und 2 G-Wagen am 21.9.1994 in Hestrup. (WP)

BE D25 (ex DB 211 345) mit leeren Kesselwagen – vor der Abfahrt nach Schoonebeek (NL) – am 21.9.1994 in Emlichheim. (WP)

Fast eine Straßenbahn: BE D23 „Landkreis Grafschaft Bentheim" mit Ölzug in malerischer Allee auf der Anschlußstrecke in Emlichheim am 1.11.1993. (CS)

Mit Nordhorn, direkt an der Grenze zu den Niederlanden gelegen, wird der größte Ort entlang der Strecke erreicht. Besondere Erwähnung finden soll hier ein längeres Anschlußgleis zum „Gewerbe- und Industriepark West".

Über Frenswegen und Grasdorf wird Neuenhaus mit seinen umfangreichen Betriebsanlagen erreicht, in den ersten 14 Jahren Endpunkt der Bentheimer Eisenbahn. Nach Querung der Vechte verläuft die Strecke über Veldhausen nach Esche. Hier zweigt die im Ölverkehr befahrene Anschlußbahn durch das Schwarze Venn nach Osterwald ab. Durch das Gebiet der Niedergrafschaft mit den früheren Stationen Berge, Hoogstede, Groß Ringe und Klein Ringe erreicht die Bahn Emlichheim. Hier zweigt ebenfalls ein dem Ölverkehr dienendes Anschlußgleis zum Erdölwerk und zum Coevorden-Piccardie-Kanal ab, das, einer Straßenbahn ähnlich, durch die Emlichheimer Siedlung führt.

Über Vorwald wird mit Laarwald die letzte Station auf deutschem Gebiet erreicht. Erwähnenswert ist auf dem Weg nach Coevorden noch die Querung des Coevorden-Vecht-Kanals mittels einer Drehbrücke.

Im Güterverkehr wird nach wie vor die ganze Strekke betrieben. Darüber hinaus fährt die Bentheimer Eisenbahn neben den in ihrem Netz verbleibenden Ölzügen von Emlichheim nach Osterwald (dort befindet sich eine Pipeline zur Raffinerie in Lingen) auch Ölzüge von Nieuw Amsterdam (circa 12 km nordöstlich Coevorden) über die Strecke der Nederlandse Spoorwegen (NS) bis Osterwald. Auch auf DB-Strecken sind BE-Loks werktäglich zu sehen, so zum Beispiel mit einem Ganzzug aus Ucs-Wagen zwischen Bad Bentheim und Münster. Mit diesem Zug wird Zement von Erwitte, Geseke, Neubeckum und Ennigerloh auf der WLE nach Münster gefahren, hier von der BE-Lok übernommen, über Rheine und Bad Bentheim nach Laarwald gebracht und dort in niederländische LKW umgeladen. In der Gegenrichtung verkehren die Züge zwangsläufig als Leerfahrt.

BE D17 am 21.9.1994 in Laarwald, der letzten Station auf deutschem Gebiet, wo der aus dem Bereich der WLE kommende Zement in holländische LKW umgeladen wird. (WP)

Sitz der Direktion ist Bad Bentheim. Das Bahnbetriebswerk und die Werkstatt befinden sich in Neuenhaus, in Nordhorn soll jedoch ein Neubau entstehen. Die BE verfügt neben den bei vielen NE-Bahnen bekannten Diesellok-Typen – so auch modernste dieselhydraulische wie dieselelektrische MaK-Loks – außerdem über zwei ehemalige DB 211 (211 074 = BE D 20, 211 345 = BE D 25), eine ehemalige DB Köf III (332 306 = BE D 1) und mehrere ehemalige Köf II (jetzt BE D 11, 13, 15, 17), darunter schon recht antike Stücke wie die D 13 (Orenstein & Koppel 1938) und die D 15 (Jung 1933).

(GRONAU-) OCHTRUP-BRECHTE – BAD BENTHEIM (BE)

Im Jahre 1908, am 21. Juni, wurde die Strecke Gronau (Westf)–Bentheim, die der BE einen weiteren Staatsbahnanschluß bescherte, eröffnet. An Zwischenstationen existierten im Personenverkehr auf diesem Abschnitt Bauverein, Driland, Bardel, Achterberg, Gildehaus Mitte und Bentheim Süd. Im Jahr 1965 endete der Personenverkehr auf dem Abschnitt Gronau–Gildehaus Mitte, 1974 mit der Einstellung des gesamten Schienenpersonenverkehrs bei der BE auch auf dem Reststück. Nach Einstellung des Güterknotens Gronau war das südliche Streckenstück entbehrlich, 1983 erfolgte der Abriß der Strecke zwischen Gronau und Achterberg. Nach all dem Niedergang auf diesem südlichsten Teilstück der Bentheimer Eisenbahn wurde 1986 ein Stück „Neubaustrecke" für den Güterverkehr in Betrieb genommen, im ehemaligen Bahnhof Achterberg abzweigend vom alten Streckenverlauf und in westlicher Richtung bis in die Bauerschaft Ochtrup-Brechte führend mit öffentlicher Ladestelle und Depotanschluß. Die alte Trasse endet kurz hinter Achterberg im Grünen.

103 212 mit IC 625 Hamburg–Regensburg, am 21.8.1992 in Münster einfahrend, fotografiert vom Dach der ehem. BD Münster. (WP)

112 149 mit D 2532 Münster–Saarbrücken am 27.4.1993 im Bbf Geist. (WP)

112 266 (ehem. „Rheingold"-Lok) mit dem „Holland-Skandinavien-Expreß" D 231 Amsterdam–København am 20.3.1984 in Rheine aus Richtung Salzbergen einfahrend. (WP)

NS 1135 wartet am 21.2.1992 mit D 2544 Braunschweig–Hengelo auf Ausfahrt; in Gleis 1 steht 141 328 als (Schiebe-)Lok des Wendezuges E 3753 nach Paderborn; rechts im Bild das Stellwerk Bf (Bentheim Fahrdienstleiter). (WP)

TWE VE 152 am 10.6.1992 mit Güterzug in Harsewinkel. Deutlich zu sehen sind die auf Flachwagen verladenen schweren Landmaschinen. (CS)

BE D25 (ex DB 211 345) mit Kesselwagenzug am 21.9.1994 auf der „draaibrug“ (Drehbrücke) über den Coevorden-Vecht-Kanaal in Coevorden (NL). (WP)

Eine Lok der BR 120 mit EC 14 Klagenfurt–Kiel am 27.7.1989 auf der Brücke über die Schleuse Münster des Dortmund-Ems-Kanals. (WP)

401 080, ICE-„Schnupperfahrten“ Münster–Osnabrück anläßlich des Bahnhofsfestes in Münster. In Brock-Ostbevern konnte der Sonderzug am 11.7.1993 mit dem dazu passend gefärbten „Dienst“-Pkw des Fotografen abgelichtet werden. (WP)

Rückblende: Lingen noch ohne Draht. 012 066 am 22.5.1974 ausfahrend mit E 1937 Rheine–Emden am Fdl-Stellwerk Lnf. (WP)

110 238 mit IR von Norddeich Mole am 17.9.1992 bei Oldersum; im Hintergrund die Krankulisse des Hafens von Emden. (CS)

Bahnhofsgebäude Mesum, 10.9.1994. (WP)

Am 17.2.1995 hatte Lok „Hümmling" der Emsländischen Eisenbahn Mittagsruhe in Meppen gegenüber dem Frachtzentrum. (CS)

Durch die Häuserschluchten im Stadtteil Mauritz in Münster: 212 309 am 2.8.1993 mit Zug 7977 Münster – Warendorf am BÜ Schiffahrter Damm. (WP)

Im Mai 1991 verkehrte an mehreren Tagen anläßlich der „Werlter Woche“ der Triebwagen der Hümmlinger Kreisbahn auf der Strecke, hier beim Halt in Ostenwalde. (CS)

634 603 an der Spitze des Triebwagenzuges Richtung Münster passiert am 21.10.1994 eine Weide in der Bauerschaft Neuwarendorf. (CS)

4 Die Rollbahn

MÜNSTER–OSNABRÜCK (KBS 385)

Hauptabfuhrstrecke mit Nah- und hochwertigem Fernverkehr ist diese am 1. September 1871 von der Köln-Mindener Eisenbahn-Gesellschaft eröffnete Eisenbahnlinie, ursprünglich „Venloer Bahn“ genannt, heute mehr unter dem Namen „Rollbahn“ bekannt. Seit September 1966 wird die Strecke elektrisch betrieben.

Beginnen wir unsere Fahrt im Hauptbahnhof der 270 000 Einwohner zählenden Stadt Münster, überqueren wir nach rund zwei Minuten Fahrzeit im Bereich der Schleusenanlage den Dortmund-Ems-Kanal. Kurz darauf erreichen wir den Betriebsbahnhof Sudmühle, im gleichnamigen Stadtgebiet gelegen. Hier mündet die Güterumgehungsbahn ein, die den stark belasteten Münsteraner Hbf von Güterzugdurchfahrten der Relationen Hamm–Osnabrück und Wanne-Eickel–Osnabrück entlastet. Nördlich des Betriebsbahnhofes befand sich der vor einigen Jahren aufgelassene Haltepunkt Sudmühle, bis 1887 – vor dem Bau der Strecke Münster–Rheda – noch Handorf genannt. Das Empfangsgebäude wurde abgerissen, der ehemalige Güterschuppen ist jedoch noch vorhanden und beherbergt einen Baustoffhandel. Von km 75,29 bis km 76,67 reicht der von Sudmühle ferngestellte Betriebsbahnhof Ems, der außer einem Überholungsgleis für Güterzüge ein Ladegleis mit Kopf- und Seitenrampe zur Verladung von Panzern der in Handorf stationierten Bundeswehr-Einheit aufweist. Die folgenden Stationen Westbevern, Brock-Ostbevern und Kattenvenne dienen zum einen als Überholungsbahnhöfe, zum anderen erfüllen sie als Personenbahnhöfe, insbesondere im Berufs- und Schülerverkehr, ihre Funktion. Es folgt beim Streckenkilometer 93,83 der Überholungsbahnhof Ringel; ab hier kann man vom Zug aus bereits den Höhenzug des Teutoburger Waldes erspähen. Brock-Ostbevern, Kattenvenne und Ringel sind inzwischen unbesetzt und werden von Lengerich (Westf) aus ferngesteuert. Bedeutendste Zwischenstation ist Lengerich (Westf); kurz vor Erreichen des Bahnhofes liegt zur Rechten die Werkstätte der TWE. Der TWE-Bahnhof Lengerich-Hohne Pbf befindet sich auf der gegenüberliegenden Seite des Bahnhofsvorplatzes. Rund um das noch existierende ehemalige Fahrdienstleiter-Stellwerk des DB-Bahnhofs hegen und pflegen ortsansässige Feldbahnfreunde eine umfangreiche Fahrzeugsammlung. Nördlich des Bahnhofs wird am Stadtrand der 584 m lange Lengericher Tunnel durchfahren, der als der nördlichste Tunnel Deutschlands gilt. Diese im Oktober 1928 fertiggestellte Tunnelröhre ersetzte den vorherigen 765 m langen Tunnel, dessen zugemauerte Portale noch vorhanden sind. Damals war vorgesehen, den alten Tunnel nach einem Umbau für ein geplantes 3. und 4. Gleis der Strecke Münster–Osnabrück wieder in Betrieb zu nehmen. An die nördliche Tunnelausfahrt schloß sich früher der Überholungsbahnhof Schollbruch an; die Überholungsgleise sind jedoch abgebaut worden. Nördlich von Schollbruch liegt der einzige noch verbliebene Schrankenposten zwischen Münster und Bremen, der Posten 103. Es folgt der Bahnhof Natrup-Hagen, erste Station in Niedersachsen und zugleich im Gebiet der (ehemaligen) BD Hannover. Hasbergen (Kreis Osnabrück) ist Ausgangspunkt der Georgsmarienhütter Eisenbahn, dann durchfährt man den Betriebsbahnhof Osnabrück-Hörne, wo die – inzwischen stillgelegte – Strecke nach Dissen-Bad Rothenfelde (–Bielefeld) abzweigt. Schließlich erreichen wir das „obere Stockwerk“ des Turmbahnhofs Osnabrück Hbf.

Von den technischen Voraussetzungen her (Linienleiter) wäre die Strecke zwischen Münster und Lengerich mit 200 km/h befahrbar. Allerdings erlosch Anfang 1994 die bis dahin genutzte Ausnahmegenehmigung, trotz vorhandener niveaugleicher Überwege 200 km/h zu fahren. Da heute immer noch zwei Bahnübergänge im Betriebsbahnhof Sudmühle (einer am nördlichen, einer am südlichen Bahnhofskopf) und ein Bahnübergang am südlichen Bahnhofskopf von Westbevern existieren, sind seit 1994 zwischen Münster und Westbevern nur noch 160 km/h zulässig. In der Diskussion beziehungsweise Planung sind Über- oder Unterführungen der betreffenden Straßen übrigens schon seit Ende der siebziger Jahre… Der 200-km/h-Abschnitt reduziert sich damit auf die 20 km zwischen Westbevern und Lengerich. Sitzt man im IC Richtung Osnabrück, so ist beim Passieren des Bahnsteigs in Westbevern noch einmal eine deutliche Beschleunigung spürbar.

Zwischen Münster und Osnabrück verkehren werktäglich pro Richtung stündlich ein Nahverkehrszug bzw. neudeutsch „StadtExpress“ und ein IC; hinzu kommt alle zwei Stunden ein IR. Nicht unerwähnt bleiben soll ferner ein ICE-Zugpaar zwischen Köln und Hamburg, morgens in nördlicher, abends in südlicher Richtung, ohne Halt zwischen Münster und Hamburg Hbf. Freitags und sonntags kommen zahlreiche „Bundeswehrzüge“ und außerdem ein weiteres ICE-Zugpaar (freitags Frankfurt am Main–Hamburg, sonntags Hamburg–Köln) hinzu. Außerdem herrscht auf dieser Strecke (Hauptabfuhrstrecke zwischen dem Industriegebiet an Rhein und Ruhr und den Seehäfen) reger Güterverkehr, vor allem nachts.

103 229 mit einem IC am 12.4.1991 in Westbevern am Fahrdienstleiter-Stellwerk Wf. (WP)

Am 22.7.1994 hat IC 728 den Lengericher Ortsteil Hohne erreicht und passiert soeben die dortige TWE-Werkstätte. (CS)

Wf

DB

5
Ins Emsland

Die Emslandstrecke

MÜNSTER–RHEINE–PAPENBURG–LEER–NORDDEICH MOLE (KBS 395)

Die Strecke von Münster nach Rheine wurde am 23. Juni 1856 eröffnet. Gleichzeitig wurde auf der „Hannoverschen Westbahn“ (Löhne–Osnabrück–) Rheine–Emden der durchgehende Betrieb aufgenommen; das Teilstück Papenburg – Emden, ohne Verbindung zum übrigen Eisenbahnnetz, wurde bereits am 24. November 1854 in Betrieb genommen. Der nördlichste Abschnitt von Emden nach Norddeich wurde 1892, am 15. Juni, fertiggestellt. Der elektrische Fahrbetrieb zwischen Münster und Rheine wurde im Jahre 1972 aufgenommen, zwischen Rheine und Norddeich Mole im Jahre 1980.

Den Hauptbahnhof Münster verläßt die Rheiner Bahn zusammen mit der Gronauer Strecke. Beide Bahnlinien trennen sich im Betriebsbahnhof Nevinghof am neuen Haltepunkt Münster Zentrum Nord, am westlichen Rande des Stadtteils Coerde gelegen. Im Betriebsbahnhof zweigt ein Gleis zum Anschluß Marienthal ab. Dieses Anschlußgleis, das heute vor der Grevener Straße endet, führte ursprünglich weiter bis zur Steinfurter Straße, wie noch unschwer zu erkennen ist, und sollte nach früheren Planungen eine Erweiterung bis ins westmünsterländische Horstmar erhalten.

Folgen wir weiter der Strecke in Richtung Rheine: Am nördlichen Rand des zur Stadt Münster gehörenden Ortsteils Sprakel befindet sich der Haltepunkt gleichen Namens. Noch präsentiert sich die Umgebung des Haltepunktes etwas ungeordnet, es gibt jedoch bereits Pläne für eine Neuordnung, und zwar im Zusammenhang mit der Beseitigung des angrenzenden Bahnüberganges. Es folgt Greven, ein Bahnhof mit drei Hauptgleisen. Die nächste Station, Reckenfeld (1917 unter dem Namen Hembergen eröffnet), hat kein Empfangsgebäude mehr, nur noch einen reichlich demolierten Güterschuppen. Reckenfeld hat außer den beiden durchgehenden Hauptgleisen noch ein Überholungsgleis für beide Richtungen. Die Siedlung Reckenfeld entstand erst 1925, vorher befand sich an gleicher Stelle ein im Ersten Weltkrieg errichtetes Militärdepot mit Anschluß an die Strecke Münster–Rheine. Der Verlauf der einstigen umfang-

Ungewöhnlicher Anblick auf DB-Gleisen: werktäglicher Ucs-Leerwagenzug Laarwald (BE)–Bad Bentheim–Rheine–Münster–Neubeckum/Erwitte (WLE) mit BE-Lok D24 am 29.6.1993 im Bbf Nevinghof. (WP)

110 mit D 2138 am 20.3.1984 auf der Aa-Brücke südlich Sprakel; die Aa war seinerzeit gerade vom natürlichen Flüßchen zum Kanal verunstaltet worden. (WP)

reichen Depot-Gleisanlagen ist noch heute erkennbar, wurden doch die Straßen Reckenfelds zum Teil auf den alten Trassen angelegt. Zwischen Reckenfeld und Emsdetten zweigen mehrere Anschlußgleise ab. Emsdetten hat drei Hauptgleise und weist noch regen Güterverkehr auf, u.a. werden hier Ganzzüge mit Rollcontainern des „Roland-Schiene-Straße-Systems" abgefertigt (Ladegut: Katzenstreu!). Nördlich von Emsdetten befindet sich die Direktionsgrenze. Erste Station in der ehemaligen BD Hannover ist Mesum, inzwischen zur Blockstelle mit Haltepunkt degradiert. Untergebracht ist das Stellwerk nach wie vor in dem gut erhaltenen, alten Empfangsgebäude.

Zwischen Mesum und Rheine kann man in Fahrtrichtung links die letzten Reste des noch in den siebziger Jahren so berühmten (Dampf-) Bahnbetriebswerkes Rheine erkennen. Ende 1994 stand zumindest der Ringschuppen noch – oder, besser gesagt: die Ruine desselben. Etwa im Bereich der ehemaligen Lokbehandlungsanlagen (Schlackengrube, Kohlenbansen) und in der Fortführung nördlich davon befindet sich heute die KLV-Umladestation. Hier werden Container, LKW-Pritschen und Sattelauflieger umgeschlagen – letztere in sogenannten Känguruh-Wagen der Gattung Sdkms 707, wie sie vor allem Modellbahnern geläufig sein dürften. Die Anlage wird von einer Privatfirma betrieben; der Zugang zur Besichtigung und zum Fotografieren ist aber problemlos möglich.

Unmittelbar nördlich vom ehemaligen Bahnbetriebswerk folgt der Rangierbahnhof Rheine, der heute „dank" der DB-seitigen Zurückdrängung des Güterverkehrs auch eher bedeutungslos geworden ist. Kurz vor der Einfahrt in den Personenbahnhof unterquert eine Güterzugstrecke in östlicher Richtung (Rheine Rbf–Osnabrück) unsere Bahn, wenige hundert Meter später schwenkt die Personenzugstrecke von Osnabrück (von Osten kommend) nach Norden ein. In Rheine wickelt man den Betrieb auf den östlichen Bahnhofsgleisen ab, während die westlichen Gleise (nach Coesfeld, Quakenbrück und Ochtrup) verwaist – und zum Teil auch schon abgebaut – sind. Westlich der Bahnsteige steht noch der Rechteckschuppen des ehemaligen Bw Rheine P.

Die Strecke Münster – Rheine ist sehr gut frequentiert, das Fahrgastaufkommen infolge der schnellen Verbindung von und nach Münster erfreulich hoch. An Werktagen verkehren pro Richtung stündlich ein Nahverkehrszug Rheine–Paderborn mit Halt an allen Stationen (jetzt „SE") und ein jetzt „RE" genannter Eilzug zwischen Emden und Münster, der nur in Greven und Emsdetten hält; im Zweistundentakt kommt ein InterRegio hinzu, der von Münster bis Rheine durchfährt.

Der früher umfangreiche Güterverkehr ist stark zurückgegangen, der Erzverkehr gar auf Null, da letzterer von Emden nach Hamburg Hansaport verlagert wurde. Erinnerungen werden wach: zum Beispiel an die 4000-t-Erzzüge, die im Betriebsbahnhof Nevinghof – später, als die Strecke Münster–Rheine elektrifiziert war, in Rheine – von zwei 44er Dampfloks auf

141 351 passiert mit E 3865 am 22.2.1995 den Block Bentlage und wird in Kürze Rheine erreichen. (CS)

zwei E-Loks der BR 140 (in Doppeltraktion) umgespannt wurden.

Von Rheine aus, weiter in Richtung Salzbergen, wird eine inzwischen im Münsterland als Rarität zu bezeichnende Einrichtung passiert, die Blockstelle „Block Bentlage", im Rheiner Stadtteil Schleupe gelegen, mit zweigeschossigem Wärterhaus und Formsignalen. Zur Freude aller Eisenbahnfans sind hier auch noch zwei Schrankenposten anzutreffen (an der Schleupe- und Lessingstaße, Posten 209 und 210). In Salzbergen, wo auf dem Bahnhofsvorplatz die Dampflok 043 196 als Denkmal aufgestellt wurde, zweigt die zweigleisige Hauptbahn in Richtung Bad Bentheim–Amsterdam ab. Durch freie Natur verläuft unsere Strecke parallel zum Napoleondamm nach Emsbüren, so sich die kleine Landstation Leschede befindet. Wiesen und Wälder begleiten den weiteren Streckenverlauf bis Elbergen, wo die Zughalte inzwischen der Vergangenheit angehören. Nach Überquerung der Ems tauchen in Hanekenfähr links und

215 020 mit Sonderzug Darfeld–Norddeich passiert am 29.7.1989 den Posten 210 im Stadtgebiet von Rheine. *(CS)*

012 082 des Bw Rheine beschleunigt am 18.4.1974 ihren E 1806 Norddeich–Essen im Bf Salzbergen. *(WP)*

Zum Vergleich im September 1992 an dieser Stelle: 141 146 mit Eilzug Richtung Rheine. (CS)

rechts der Bahn Anschlußgleise zu den dortigen Kraftwerken auf.

Ähnlich wie Rheine ist auch Lingen eine alte Eisenbahnerstadt. Angrenzend an den Lingener Bahnhof, zentral in der Stadt gelegen, befinden sich die weitläufigen Anlagen des ehemaligen Ausbesserungswerkes. Von der hier einst abzweigenden Kleinbahn nach Berge–Quakenbrück, deren Bahnhof sich nördlich des Staatsbahnhofs befand, ist leider nichts mehr zu sehen. Nördlich von Lingen liegen in Holthausen (Ems) – ehedem auch Personenzughalt – westlich der Hauptgleise umfangreiche Gleisanlagen; es handelt sich hierbei um die Anschlußgleise der dortigen Erd-

141 415 erreicht mit ihrem Zug am 14.9.1992 den Bahnhof Leschede, an dessen nördlicher Einfahrt das Stellwerk Ln steht. (CS)

111 100 verläßt mit IR 2313 nach Karlsruhe am 17.2.1995 den Bahnhof Lingen und passiert dabei den städtischen Wasserturm. (CS)

ölraffinerie. Das Emsland besitzt bedeutende Erdölfelder in Lingen-Dalum, Twist und anderen Orten der Region. Von hier bis Meppen verlaufen die Streckengleise, zum größten Teil nur durch einen schmalen Waldstreifen getrennt, parallel zum Dortmund-Ems-Kanal. Der kleine Haltepunkt Geeste liegt abseits der gleichnamigen Ortschaft in der Siedlung Osterbrock.

Westlich der Emslandstrecke liegt zur holländischen Grenze hin ein riesiges Moorgebiet. Alles Wissenswerte über das Moor, die Torfgewinnung und Kultivierung wird im Moormuseum in Groß-Hesepe dargestellt. Neben zahlreichen Arbeitsgeräten sind dort auch Feldbahnlokomotiven zu sehen.

Die Stadt Meppen ist Sitz des Kreises Emsland. Der Bahnhof Meppen ist Ausgangspunkt der Strecke Meppen–Haselünne–Essen (Oldb) der Emsländischen Eisenbahn. Diese Eisenbahngesellschaft bedient im Güterverkehr neben den beiden eigenen Strecken auch den nun folgenden Streckenabschnitt Meppen–Lathen mit dem Zwischenbahnhof Haren (Ems). Zwischen Meppen und Haren befand sich früher noch der Haltepunkt Hemsen (Ems). Am Bahnhof in Lathen steht als Denkmal eine schmalspurige Dampflok, die an längst vergangene Zeiten der Kleinbahn Lathen–Werlte erinnert. Heute präsentiert sich diese ebenfalls zur Emsländischen Eisenbahn gehörende Strecke in Normalspur. Die Zughalte im Bahnhof Kluse sind eingestellt worden, somit besteht die

Ein noch vor 20 Jahren alltäglicher Anblick: schwerer Erzzug mit ölgefeuerter Dampflok. 043 606 am 6.5.1976 mit 2000 t am Haken zwischen Haren und Hemsen. (WP)

Am 17.2.1995 rangiert 291 091 vor den Anlagen des ehemaligen AW Lingen. (CS)

Transrapid-Versuchsstrecke Lathen–Dörpen; Aufnahme am 24.11.1994 bei Melstrup. (CS)

043 mit Gag aus Ed-Wagen am 18.4.1974 über der Schleuse des Küstenkanals in Dörpen. (WP)

nächste Ein- und Aussteigemöglichkeit für Zugreisende erst wieder in Dörpen. Hat dieser kleine Bahnhof in einiger Entfernung vom Ort im Personenverkehr eher geringe Bedeutung, so fällt er im Güterverkehr durch den dort angesiedelten Container-Terminal auf.

Waren die Namen Lathen und Dörpen als Bahnstationen der Emslandstrecke früher eher unbekannt, so

110 408 passiert am 1.9.1989 den Posten 297 bei Herbrum (südlich Aschendorf). Das Postengebäude ist mittlerweile abgerissen. (CS)

Direkt im Papenburger Bahnhofsbereich befindet sich eine Klappbrücke über den Sielkanal, hier im aufgeklappten Zustand am 14.9.1992. (CS)

ist ihr Bekanntheitsgrad bundesweit durch die im Einzugsbereich der beiden Orte befindliche Teststrecke der Magnetschwebebahn Transrapid erheblich gestiegen. Im Jahr 1984 wurde die Transrapid-Versuchsanlage Emsland (TVE) in Betrieb genommen, auf der bereits Geschwindigkeiten bis zu 450 km/h erzielt wurden. Auf der 31,5 km langen Strecke, bestehend aus einer 12 km langen Geraden und zwei über Stahlbiegeweichen angeschlossene Wendeschleifen, wird derzeit der Fahrzeugtyp TR 07 eingesetzt.

Nördlich des Bahnhofs Dörpen passiert unsere Bahnlinie im Bereich der dortigen Schleuse den Küsten-Kanal. Aschendorf präsentiert sich noch mit einem schönen alten Bahnhofsgebäude, ebenso Papenburg (Ems), die letzte im Kreis Emsland gelegene Station unserer Strecke. Wer die Zeit mitbringt, sollte der Stadtmitte und den langen Straßen entlang den Kanälen einen Besuch abstatten. Nächster ehemaliger Personenzughalt war der Block Steenfelde. Ihrhove ist heute nur noch Abzweigbahnhof für die Strecke nach Weener–Nieuweschans–Groningen (NL), Personenzüge halten hier nicht mehr; einst war Ihrhove auch Ausgangsbahnhof der fast vergessenen Kleinbahn nach Westrhauderfehn. Kurz vor Leer (Ostfriesl) überquert die Strecke dann die Leda.

Die Inkonsequenz – Fortführung bis an das Watt

Eigentlich müßten wir an dieser Stelle unsere Streckenbetrachtung beenden – schließlich haben wir nun bereits die Grenze vom Emsland nach Ostfriesland überschritten. Trotzdem soll hier auch das Reststück bis zur Küste kurz beschrieben werden, weil es sich um eine durchgehende Strecke handelt, sowohl zu Zeiten der ehemaligen BD Münster als auch nach dem heutigen System der Kursbuchnummern.

Der Bahnhof Leer (Ostfriesl) ist InterRegio-Halt der Linien 14 und 23 (Norddeich–Bad Harzburg beziehungsweise Heidelberg). Hier beginnen/enden außerdem die Triebwagen der BR 624/634 nach/von Groningen (NL). Weiterhin zweigt hier die – seit 1992 elektrifizierte – Strecke nach Oldenburg (Oldb) ab. Leer ist außerdem auch einen Stadtbummel wert.

Über die ehemaligen Reisezughalte Neermoor, Oldersum und Petkum (Ostfriesl) wird Emden mit seinen umfangreichen Gleisanlagen im Rangierbahnhof erreicht. Östlich neben dem Rangierbahnhof lag früher der Kopfbahnhof Emden Süd. Nach Überquerung einer Klappbrücke erreichen wir Emden Hbf, früher Emden West genannt. In Emden Hbf zweigt die Strecke nach Emden-Außenhafen ab, die im Personenverkehr als Zubringer für den Seebäderverkehr nach Borkum dient.

Nördlich von Emden Hbf ist unsere Strecke nun eingleisig. Die ehemaligen Stationen Emden-Harsweg, Suurhusen, Loppersum, Abelitz (Abzweig der Güterstrecke nach Aurich) und Engerhafe haben längst ihre Reisezughalte verloren. Als einziger Halt zwischen Emden und Norden ist lediglich noch Marienhafe im Kursbuch zu finden. Über die inzwischen ebenfalls aufgelassenen Stationen Osteel und Nadörst wird Norden (Heimat eines hochprozentigen, klaren Getränkes) erreicht. Die hier abzweigende Ne-

042 254 und eine 012, am 14.6.1972 abfahrend in Norddeich Mole mit einem Eilzug Richtung Rheine. Die „Bahnhofshalle“, die wohl mehr symbolischen Charakter hatte, weil kaum mehr als ein Wagen darunter paßte, fiel der Elektrifizierung zum Opfer. (WP)

benbahn nach Sande wurde 1983 im Abschnitt Norden–Esens (Ostfriesl.) für den Personenverkehr stillgelegt; zwischen Norden und Dornum finden gelegentlich Museumsfahrten statt. Nach dem Bahnhof Norden folgte ehedem der Haltepunkt Norden-Stadt, in einem dunklen Abschnitt unserer Geschichte „Norden Adolf-Hitler-Straße“ genannt.

Der letzte Bahnhof der Emslandstrecke heißt Norddeich; von hier aus ist es nur noch eine „Schnellzuglänge“ bis Norddeich Mole, wo Schiffsanschluß nach Norderney und Juist besteht. Die im Kursbuch extra aufgeführte Station Norddeich Mole ist tatsächlich nicht mehr als ein langes Ausziehgleis – mit Bahnsteig – des Endbahnhofes Norddeich. Fotografen bietet das Streckenende interessante Motive, bei denen der Zug von Fährschiffen und Fischkuttern umgeben ist.

Kleinbahn auf dem Lande

LINGEN – BERGE – QUAKENBRÜCK

Die Kleinbahn Lingen–Berge–Quakenbrück wäre sicherlich längst in Vergessenheit geraten, wäre da nicht der Heimatverein Berge, der immer wieder in Sachen Kleinbahn mit viel Liebe zur Heimatgeschichte Forschungen anstellt und bereits erfolgreich manche Ausstellung zum Thema abgehalten hat. So erinnern heute zwei ehemalige Güterwagen der Kleinbahn, vorbildlich restauriert am alten Bippener Bahnhof an die Kleinbahnzeit, die mit der Eröffnung am 31. Mai 1904 begann. Die Bahnlinie nahm ihren Anfang in Lingen, fast einen Kilometer nördlich des Staatsbahnhofs, am dortigen Kleinbahnhof westlich der Strecke Rheine–Leer. Hier befanden sich unter anderem der Lokschuppen, die Werkstätte, die Rollwagengrube und ein Anschlußgleis zum Kanalhafen. Mittels einer Brücke wurde die Staatsbahnstrecke überquert und schon bald die Station Stadtflur erreicht. Entlang der Bundesstraße Richtung Haselünne läßt sich der Streckenverlauf heute noch erahnen. Brögbern, Clusorth und Plankorth hießen die Zwischenstationen auf dem Weg nach Bawinkel, wo sich heute das ehemalige Bahnhofsgebäude als Wohn- und Geschäftshaus präsentiert. Über Bregenbeck, Gersten, Lengerich (nicht zu verwechseln mit dem am Teutoburger Wald gelegenen gleichnamigen Ort), Wettrup und Handrup wurde Vechtel erreicht, über einen Lokschuppen verfügend und Endstation einiger Züge. Mit Halten in Ohrtermersch, Ohrte und Ziegelei ging es weiter zum Betriebsmittelpunkt Berge. Im ehemaligen Bahnhofsgebäude befindet sich heute die Gemeindeverwaltung. Dalvers, Renslage, Andorf, Menslage, Schandorf, Wierup, Bottorf, Wasserhausen und Hasebrücke boten noch Möglichkeiten des Zu- oder Ausstiegs, ehe die Fahrt der Züge im Kleinbahnhof Quakenbrück, westlich der dortigen Staatsbahngleise, endete. Für die etwa 55 km lange Strecke benötigten die Kleinbahnzüge etwa drei Stunden. Der Betrieb wurde hier am 17. Mai 1952 eingestellt.

Eisenbahn im Hasetal

MEPPEN–HASELÜNNE–ESSEN (OLDB)

Zur Emsländischen Eisenbahn (EEB) gehört seit dem 1. Januar 1993 die Strecke Meppen–Essen (Oldb) der ehemaligen Meppen-Haselünner Eisenbahn. Die Eröffnung der Meppen-Haselünner Eisenbahn fand am 17. Oktober 1894 statt. Acht Jahre später, am 15. Mai 1902, erfolgte die Verlängerung bis Herzlake und gut fünf Jahre danach, am 1. September 1907, war die Anbindung an die Strecke Essen (Oldb)–Lewinghausen der Großherzoglich Oldenburgischen Eisenbahn geschafft. Eine bedeutende Änderung in der Streckenführung gab es im Jahre 1954, als, bedingt durch den projektierten Dortmund-Ems-Seitenkanal, die Streckenführung im Bereich Meppen–Bokeloh geändert wurde. Führten bislang die Gleise der MHE südlich aus dem Bahnhof Meppen heraus über den Ort Bokeloh nach Schleper, so wurde unter Nutzung des bereits bestehenden Anschlußgleises zum Krupp'schen Schießplatz, das Meppen Richtung Norden verließ, eine neue Streckenführung erstellt. Eine neue Bahnstation für Bokeloh entstand nördlich des zugehörigen Ortes. Gut einen Kilometer hinter dem neuen Bahnhof Bokeloh war wieder die alte Strecke erreicht. Nächster Einschnitt in der Geschichte der Eisenbahnlinie war die Einstellung des Schienenpersonenverkehrs zum Jahresende 1970. Zu einer Erweiterung der Meppen-Haselünner Eisenbahn führte die Übernahme der DB-Strecke Lewinghausen–Essen (Oldb) abschnittsweise von 1975 bis 1979. Mit der Neutrassierung der Bundesstraße 213 bei Herzlake erfolgte der Bau einer Stichstrecke zum Bahnhof Herzlake (1988), da das Streckengleis parallel zur neuen Straße nördlich an Herzlake vorbeigeführt wurde. Das Betriebswerk und die Zugleitung der Bahn befinden sich heute im Bahnhof Vormeppen. Wie bereits an anderer Stelle erwähnt, übernimmt die Emsländische Eisenbahn inzwischen auch die Güterverkehrsbedienung der Bahnhöfe Meppen, Haren (Ems) und Lathen an der Emslandstrecke.

Wenden wir uns nun dem Streckenverlauf Richtung Essen (Oldb) zu: Eine Bedienung der Strecke erfolgt je nach den anfallenden Gütermengen bis Bunnen. Der Abschnitt Bunnen–Essen (Oldb) wurde in den letzten Jahren nur in Ausnahmefällen befahren, doch hat sich seit Frühjahr 1995 ein neues Verkehrsaufkommen ergeben. Durch die EEB-Lok werden seitdem aus Bremen kommende Güterwagen mit Futtermittel in Cloppenburg abgeholt und über Essen (Oldb.) zum Mischfutterwerk bei Löningen gebracht.
Ein ständiger Kunde der Bahn ist die Bundeswehr, die direkt in Vormeppen über einen Anschluß verfügt. In einem 90°-Bogen schwenkt die Bahn Richtung Osten, passiert die Nordradde und erreicht wenig später Bokeloh. Das ehemalige Empfangsgebäude dient heute als Gaststätte. Wer das Stationsschild auf dem Bahnsteig sieht, wird schnell vermuten, daß dieser gelegentlich noch benutzt wird. Und so ist es auch: Die Eisenbahnfreunde Hasetal mit Sitz in Haselünne bieten zwischen Meppen und Essen (Oldb) Museumsfahrten an. Daneben verchartert die Emsländische Eisenbahn auf Nachfrage ihren Triebwagen an Gruppen. Kurz vor dem Passieren der Mittelradde befand sich die Station Schleper, heute liegt hier noch ein Anschlußgleis. In km 15 befand sich der Haltepunkt Haselünne West. Schon bald wird der ehemalige Betriebsmittelpunkt Haselünne erreicht. Haselünne ist nicht nur bekannt als Stadt im Erholungsgebiet Hasetal, sondern auch als Sitz dreier teils überregional bekannter Brennereien – daher auch der regional bekanntere Ortsname „Fusellünne". Auf dem Bahnhofsgelände finden wir noch das alte Empfangsge-

Von Flechum kommend durchfährt Lok „Emsland“ am 16.4.1991 den Bahnhof Haselünne. (CS)

bäude und den zweiständigen Lokschuppen, der derzeit von den Museumseisenbahnfreunden genutzt wird. Sehenswert ist sicherlich das quer über den Bahnhofsvorplatz führende Anschlußgleis zu einer der ortsansässigen Kornbrennereien. In Flechum ist der alte Bahnsteig auszumachen, ferner existiert hier ein Anschluß. Herzlake wird, wie gesagt, nunmehr über eine Stichstrecke erreicht. Das dortige Empfangsgebäude wurde vorbildlich restauriert. Schier erstaunt ist der Betrachter, wenn er den ehemaligen Übergabebahnhof Lewinghausen sieht. Kein großer Bahnhof inmitten eines Ortes, sondern eine kleine Station fast auf freier Flur, an der ehemaligen Grenze zwischen Preußen und Oldenburg gelegen, war besagter Bahnhof einst Endpunkt der MHE und Übergabebahnhof zur DB. Das alte Empfangsgebäude wird heute als Wohnhaus genutzt. Eher klein war auch die Station Helmighausen, größer dagegen ist der folgende Bahnhof Löningen, dessen stattliches Bahnhofsgebäude heute eine Gaststätte und einen Getränkemarkt beherbergt. Über Bunnen wir schließlich der Bahnhof Essen (Oldb) an der Strecke Osnabrück–Oldenburg (Oldb) erreicht.

Vor dem Lokschuppen in Haselünne harrt Lok D01 der Meppen-Haselünner Eisenbahn im Juni 1991 der Dinge, die da kommen. (CS)

Schienenwege zum Hümmling

LATHEN – WERLTE

Ebenso wie die bereits vorgestellte Strecke Meppen – Essen (Oldb) gehört auch die Verbindung Lathen–Werlte (ehemals Hümmlinger Kreisbahn) seit dem 1. Januar 1993 zur Emsländischen Eisenbahn. Die ursprünglich schmalspurige Bahnlinie – eine am Bahnhof Lathen aufgestellte schmalspurige Dampflok erinnert noch an diese Zeit – wurde im Jahre 1898 eröffnet und 1957 auf normalspurigen Betrieb (teils mit neuer Trassierung) umgebaut. Heute erfolgt die Streckenbedienung von Meppen-Vormeppen aus, an der ebenfalls zur Emsländischen Eisenbahn gehörenden Strecke Meppen–Essen (Oldb) gelegen. Auf dem Weg von Vormeppen nach Lathen werden seit dem Mai 1993 auch die Gütertarifpunkte Meppen, Haren (Ems) und Lathen an der Emslandstrecke bedient. Doch wenden wir uns nun dem Verlauf der Strecke Lathen–Werlte zu. Die Bahnlinie schwenkt südlich des Bahnhofs Lathen von der Strecke Rheine–Emden nach Osten ab. Vorbei an der ehemaligen Station Rupennest und dem dortigen Schießplatz wird die einzige größere Zwischenstation Sögel erreicht. Weithin bekannt ist Sögel durch das hier gelegene sehenswerte Jagdschloß Clemenswerth des Barockbaumeisters Schlaun. Gut zwei Kilometer weiter befindet sich kurz hinter der Brücke über die Nordradde die ehemalige Station Waldhöfe, heute Anschluß. Unübersehbar ist auf dem weiteren Weg die Station Ostenwalde, ehe mit Werlte bereits der Endbahnhof erreicht wird. Neben einem schmucken Empfangsgebäude, in dem sich die Bahnverwaltung befindet, gibt es hier auch einen Lokschuppen.

Denkmal am Bahnhof Lathen zur Erinnerung an die Schmalspurzeit; September 1991. (CS)

Wer früher weiterreisen wollte, der konnte einen Fußmarsch von etwa 5 km wagen, um im Bahnhof Landesgrenze, direkt hinter der Mittelradde gelegen, einen Zug der Kleinbahn nach Cloppenburg zu erwischen. Die oldenburgische Landesgrenze, im Verlauf der Mittelradde, verhinderte ein damals von vielen erwünschtes Zusammenkommen der beiden Strecken.

Deutz-Lok D2 der Hümmlinger Kreisbahn mit Güterzug im Mai 1991 im Bahnhof Werlte. (CS)

6
Richtung Ostwestfalen und Sauerland

Die Bahn im östlichen Münsterland

MÜNSTER – RHEDA-WIEDENBRÜCK (KBS 406)

Es ist ein Mittwoch im Februar, der Eiltriebwagen nach Bielefeld steht auf Gleis 12 im Hauptbahnhof von Münster. Auf Gleis 14 trifft soeben die RSB aus Essen ein, mit der S-Bahn-Lok 111 136 an der Zugspitze, der Café-Wagen hält direkt neben unserem Abteil. Ja, jetzt wissen wir, was hier im Triebwagen fehlt: Ein Kaffee könnte wirklich nicht schaden, denn für unsere Fahrt ins 50 km entfernte Rheda-Wiedenbrück benötigen wir „brutto" immerhin eine Stunde und 29 Minuten Fahrzeit. Das Piepen der Türschließvorrichtung ertönt, und pünktlich um 11.46 Uhr setzt sich der Zug in Bewegung. Angeführt wird die dreiteilige, modernisierte Triebwagengarnitur von 624 641. Beim Verlassen des Bahnhofs sehen wir links das ehemalige Stellwerk Mn, davor ein Form-Hauptund ein Form-Vorsignal zur Erinnerung an vergangene Zeiten. Im April 1985 wurden die Stellwerke durch ein Zentralstellwerk (Mf neu) ersetzt. Schon bald schwenken wir von der Hauptstrecke nach Osnabrück ab, rechts sehen wir die Erphokirche, links einige Kleingärten. Wir durchfahren den Stadtteil Mauritz, queren den Schiffahrter Damm und die Warendorfer Straße. Hier, im Bereich der „Danziger Freiheit", könnte ein neuer Haltepunkt entstehen, so die Vorstellungen einiger Initiativ-Gruppen und auch der Stadt Münster. Bei der Überquerung des Dortmund-Ems-Kanals ist links in der Ferne die Schleuse zu erkennen, dort kreuzt die „Rollbahn" Münster–Osnabrück den Kanal. Nach einem kurzen Waldstück erreichen wir den Stadtteil St. Mauritz, in Kilometer 3,6 existierte bis 1957 der Haltepunkt gleichen Namens, heute gibt es an diesem Orte nur noch eine Bushaltestelle. Wenig später unterqueren wir die Güterumgehungsbahn, und schon haben wir die Bebauung hinter uns gelassen; parallel zur Bundesstraße 64 geht es nun weiter. Direkt nach Passieren der Werse, nicht nur in den Sommermonaten ein beliebtes Ziel für Wanderer und Kanufahrer, liegt rechts das Café-Restaurant Nobis Krug. Handorf ist berühmt für seine zahlreichen traditionsreichen Cafés und Ausflugslokale. Per Bahn kann man jedoch seit Mai 1988 nicht mehr nach Handorf gelangen. Das alte Bahnhofsgebäude, abseits des Ortes gelegen, präsentiert sich

Auch schon Vergangenheit, daß Raestrup-Everswinkel ein „richtiger“ Bf war (heute nur noch Hp). 212 254 konnte mit ihrem Nahverkehrszug nach Warendorf am 14.5.1988 in Raestrup abgelichtet werden. (CS)

dem Vorbeifahrenden mit der Anschrift „alter Bhf Handorf“. Wir passieren links den Hubertushof und zuckeln gemächlich durch die Landschaft, begleitet vom Pfeifen des Zuges an den zahlreichen Bahnübergängen, die hier bislang keine höhere Geschwindigkeit zulassen. An dem Fachwerk-Gasthaus, das wir rechts bei Kilometer 8,6 entdecken können, befand sich früher der Haltepunkt Jägerhaus. Wir nähern uns dem Wallfahrtsort Telgte, dessen Bahnhof südlich des Stadtkerns liegt. Unser Zug, der auf Gleis 1 einfährt, hat hier keine Kreuzung – im Gegensatz zu vielen anderen Zügen. Fahrgäste steigen ein. Typisch Münsterland: Auch hier sind die abgestellten Fahrräder nicht zu übersehen; Wiesen, Felder und alle 500 m ein Bauernhof. Bedingt durch den Regen der letzten Tage steht Wasser auf den Weiden. Von links nähert sich wieder die B 64, auf der die Kraftfahrer Telgte umfahren haben. Bald sind wir in der Bauerschaft Raestrup, links sehen wir eine moderne Art der Energieerzeugung, ein Windkraftrad, wenig später die Kraftfahrerkapelle Raestrup mit einer Gedenkstätte für Opfer des Straßenverkehrs. Der Zug stoppt, der Haltepunkt Raestrup-Everswinkel ist erreicht. Das alte Empfangsgebäude, im streckentypischen Baustil errichtet, steht rechts der Gleise. Ende 1994 ist der Bahnhof zurückgebaut worden, nachdem er schon vorher, seit Jahren, fast ständig durchgeschaltet war. Zwar liegt zur Zeit noch das Kreuzungsgleis, es hat jedoch nach Ausbau der Weichen keine Verbindung mehr zum Hauptgleis. Nur wenige Reisende sind auf dem Bahnsteig anzutreffen. Nach der Abfahrt passieren wir einen schlecht einsehbaren Bahnübergang an einem Fachwerkhaus mit 20 km/h, wir haben die Bauerschaft Müssingen erreicht. Nahe der Siedlung Müssingen, bei Kilometer 19, soll nach den Vorstellungen mehrerer Planer ein neuer Haltepunkt entstehen, möglicherweise verbunden mit einer Aufhebung des Halts in Raestrup. Doch ist dies noch Zukunftsmusik.

Wir passieren am Klauenberg, in der flachen Landschaft ungewohnt, einen Einschnitt. Vom Zug aus nicht sichtbar ist ein Gedenkstein am Radweg, der 1987 anläßlich des hundertjährigen Jubiläums der Strecke aufgestellt wurde. Am Haus Allendorf, das wir mit 20 km/h passieren, befand sich bei Kilometer 21,6 ein weiterer Unterwegshalt namens Klauenberg, eingerichtet für die Bewohner der Bauerschaft und für Ausflügler. Schnurgerade geht es nun auf die Kreisstadt Warendorf zu (sehenswerte Altstadt). Warendorf ist auch als „Stadt der Pferde“ bekannt. Nach Durchfahren der ersten Bebauung ist rechts das Wärterstellwerk Ww zu sehen, daneben der frühere Lokschuppen. Zwischen dem Stellwerk und dem Schuppen mündete früher die von Neubeckum ausgehende Strecke der Westfälischen Landes-Eisenbahn in den

Kreuzung in Warendorf am 3.6.1991: 211 203 mit Nahverkehrszug nach Münster, der 624 ist soeben von Münster kommend eingetroffen. (CS)

Warendorfer Bahnhof ein. Wir halten auf Gleis 2, am Mittelbahnsteig. Zahlreiche Schüler erwarten bereits die Ankunft des Zuges, der hier zunächst eine 16 minütige Pause einlegt. Auf Gleis 1 steht 212 298 mit zwei Silberlingen und einem BDms 272 als Nahverkehrzug Warendorf–Münster bereit. Bis zum Fahrplanwechsel im Mai 1995 wurde noch ein Zugpaar der Relation Münster–Warendorf lokbespannt gefahren, alle anderen Züge waren Triebwagengarnituren der Baureihen 624/634. Inzwischen fahren hier die meisten Züge als Triebwagen der Baureihe 628, vereinzelt ist noch die Baureihe 624/634 anzutreffen. Um 12.34 Uhr geht es pünktlich weiter. Das Fahrdienstleiterstellwerk Wf wird passiert, und kurz darauf können wir zur Linken einen beigen Backsteinbau erkennen: Es ist der alte Warendorfer Bahnhof, der bis zur Jahrhundertwende in Betrieb war. Im Zuge des damaligen Streckenbaus der WLE-Strecke Neubeckum–Warendorf entstand weiter westlich der neue, heutige Bahnhof. Links können wir den alten Wasserturm der Stadt Warendorf erspähen, rechts den Anschluß Ahmerkamp und anschließend eine einsame Kapelle auf weiter Flur. Wir erreichen die Bauerschaft Vohren und stoppen um 12.40 Uhr am gleichnamigen Haltepunkt. Schüler steigen aus und schwingen sich auf ihr Rad, um dem Mittagessen am heimischen Herd entgegenzustreben. Seit Warendorf begleiten uns Telegrafenleitungen auf unserem Weg (zunächst bis kurz vor Beelen). Wir überqueren zum ersten Mal den Axtbach und gelangen nach kurzer Fahrt nach Beelen, wo ein

211 016 ist am Mittag des 3.6.1991 mit dem „Schülerzug" aus Münster am Haken in Beelen eingetroffen. (CS)

Die altbekannten Attribute einer Bahnstrecke, wie die Telegrafenleitungen, sind auch heute an der KBS 406 noch zu sehen. 624 672, unterwegs als E 3575 Münster–Bielefeld, am 14.8.1993 zwischen Beelen und Clarholz. (WP)

624 624 in der ursprünglichen Lackierung, in Herzebrock einfahrend. (CS)

Anschlußgleis zum Gewerbegebiet abzweigt, wenig später ein zweites zu einem Holzwerk. Auch die zweite Axtbachquerung läßt nicht lange auf sich warten, dann ist der zentral gelegene Bahnhof Beelen auf Gleis 1 erreicht. Fast alle der in Warendorf zugestiegenen Schüler steigen aus. Für uns heißt es nun warten, denn die Abfahrt erfolgt erst in sieben Minuten, nachdem der Zug aus Bielefeld auf Gleis 2 eingetroffen und abgefahren ist (heute führt 634 621 den dreiteiligen Triebwagenzug an). Während auf dem Abschnitt Münster–Warendorf ein starker Berufs- und Schülerverkehr, letzterer auch noch bis Beelen, zu verzeichnen ist (einige Züge beginnen beziehungsweise enden in Beelen), ist das Reisendenaufkommen auf dem folgenden Streckenabschnitt Beelen–Rheda-Wiedenbrück entschieden geringer. Eine Zunahme ist allerdings inzwischen durch die Einführung des Semester-Tickets zu verzeichnen.

Die Ausfahrt „steht", wir setzen uns in Bewegung und verlassen den Ort, abermals in Begleitung der in dieser Region selten gewordenen Telegrafenmasten. Bei Kilometer 38,6 befand sich der Haltepunkt Hemfeld. Die Agentur war im gegenüberliegenden Gasthof untergebracht, der Bahnsteig auf dem schmalen Raum zwischen Gleis und Straße angelegt. Inzwischen hat sich die Sonne durchgekämpft, was nicht nur die Reisenden, sondern vielleicht auch die Fasane erfreut, die auf den Feldern verweilen. Der Zug verringert seine Geschwindigkeit, mit 20 km/h erreichen wir den Ort Clarholz, an dessen Beginn der Posten 7 die Letter Straße sichert. Nun geht es mitten durch den Ort bis zu der am Ortsausgang gelegenen Bahnstation. Einige Reisende steigen zu. Vor Herzebrock heißt es abermals abbremsen, denn hier sind im Bereich eines Bahnüberganges nur noch 10 km/h zugelassen. Am früheren Kleinlokschuppen vorbei erreichen wir um 13.09 Uhr den Bahnhof. An der Ausfahrt sichert Posten 8 einen Bahnübergang, kurz dahinter können wir rechts auf einem Firmengelände einen alten Schienenkran erspähen. Nach drei Minuten Fahrt passieren wir das Lichtvorsignal von Rheda-Wiedenbrück, wir durchfahren ein Siedlungsgebiet, ebenfalls ein denkbarer Ort für einen neuen Haltepunkt, und unterqueren die Hauptbahn Hamm–Bielefeld, um nach kurzem Anstieg den Bahnhof Rheda-Wiedenbrück auf Gleis 1 zu erreichen. Wir verlassen den Zug, der nun über Gütersloh und Brackwede seinem Endpunkt Bielefeld Hbf zustrebt.

Erinnerung an „Walibo"

LIPPSTADT–RHEDA-WIEDENBRÜCK

Auf die Streckenabschnitte Lippstadt–Anschluß Kisker (im Lippstädter Stadtgebiet) und Rheda-Wieden-

Planmäßig kam das edle Stück nie hierher! DGEG-Sonderfahrt mit 601 014 + 008 in Rheda-Wiedenbrück Süd am 5.3.1994. (CS)

brück–Rheda-Wiedenbrück Süd ist heute die Streckenbedienung im Güterverkehr auf der 1887 eröffneten Bahnverbindung beschränkt. Gleise liegen jedoch noch südlich von Rheda-Wiedenbrück Süd über Langenberg hinaus bis kurz vorm ehemaligen Bahnhof Benteler. Das Zwischenstück ist abgebaut.

Wiedenbrück (später als Rheda-Wiedenbrück Süd bezeichnet) war Ausgangspunkt der am 1. September 1902 eröffneten WLE-Sennebahn über Delbrück (Westf) nach Sennelager. Auch diese Strecke gehört inzwischen zu den abgebauten Bahnverbindungen, deren Trasse teilweise als Radweg genutzt wird.

Zur Erinnerung an den Schienenpersonenverkehr und den Haltepunkt Bad Waldliesborn (im Umkreis kurz „Walibo“ genannt) blieben im Kurort einige hundert Meter Gleis liegen, auf denen ein ehemaliger Schienenbusbeiwagen (998 229) abgestellt ist. Auf dem dortigen Bahnsteig sind zudem einige Signale aufgestellt, die zusammen mit dem Beiwagen nicht nur bei den Kurgästen zu einem beliebten Fotomotiv geworden sind.

Die Landeseisenbahn

MÜNSTER–NEUBECKUM (–LIPPSTADT–WARSTEIN (WLE)

Die Strecke Münster–Neubeckum wurde am 1. Oktober 1903 eröffnet, nachdem die vormalige Warstein–Lippstadter Eisenbahn bereits 1883, am 1. November, die Strecke Warstein–Belecke–Lippstadt und die ab 1896 in Westfälische Landes-Eisenbahn-Gesellschaft umbenannte Bahngesellschaft am 20. Oktober 1898 den Abschnitt Lippstadt–Beckum Stadt in Betrieb genommen hatte. Im Jahre 1975 wurde der Personenverkehr auf der gesamten Strecke eingestellt. Im Güterverkehr ist die WLE nach wie vor aktiv, wobei aber der hier relevante Abschnitt Münster–Neubeckum einen eher bescheidenen Anteil aufweist. Die hauptsächlichen Verkehrsströme konzentrieren sich auf die Relationen Warstein (Steinbrüche)–Neubeckum und–Ennigerloh / Anneliese (verarbeitende Betriebe).

Auf dem Abschnitt Münster–Neubeckum ist zunächst im Bahnhof Münster Ost der Lokschuppen der WLE erwähnenswert, sodann nach der Bahnhofsausfahrt die Brücke über den Dortmund-Ems-Kanal.

WLE 62 mit dem einzigen Personenwagen der WLE, dem „WGm (Gen) 100“, vormals ein DB ARm 216. Der Wagen erhielt bei der WLE einen dieselelektrischen Heizgenerator, weil die Loks keine Heizeinrichtungen haben. Hier im Sonderzugeinsatz für einen Vereinsausflug Mellrich–Münster und zurück am 19.9.1992 in Münster Ost. (WP)

WLE 62 + 61 vor britischem Militärzug am 12.5.1993 bei der Abfahrt in Münster Ost. *(WP)*

Bis zum Stadtteil Gremmendorf verläuft die Strecke direkt neben dem autobahnartig ausgebauten Albersloher Weg. In Gremmendorf steht neben dem Streckengleis eine preußische T 9^3, vormals Georgsmarienhütter Eisenbahn, zuvor DRG 91 319, als Denkmal; Loks dieses Typs waren zu Dampfzeiten auch auf der WLE zu sehen. Am südlichen Ortsrand von Al-

WLE 40 am 9.2.1995 auf der Brücke über den Dortmund-Ems-Kanal; links an das Bild anschließend liegt der Bf Münster Ost. (CS)

WLE 40 mit Pilgersonderzug Wolbeck–Rom und zurück, am 18.4.1993 nach der Ankunft in Wolbeck. (CS)

WLE 39 am 26.3.1994 in Enniger. Das ehem. EG ist heute ein gepflegtes Wohnhaus. (WP)

bersloh bietet sich eine fotogene Stelle mit Ortskulisse und Trapeztafel für einen Stopp an. Von Albersloh bis kurz vor Sendenhorst verläuft die Bahnstrecke direkt neben der Landstraße. Zwischen Sendenhorst und Enniger findet man zahlreiche Fotostandpunkte in landwirtschaftlichem Ambiente – erreichbar über Wirtschaftswege. In fast allen Bahnhöfen sind noch die ehemaligen Empfangsgebäude vorhanden, obgleich sie heute zu anderen Zwecken genutzt werden.

Die in den letzten Jahren aufgrund der chaotischen Verkehrsverhältnisse im Berufsverkehr auf den parallel zur Bahn verlaufenden Straßen von verschiedenen Interessenverbänden geforderte Wiederaufnahme des Personenverkehrs zwischen Münster und Sendenhorst beziehungsweise Neubeckum erscheint durchaus sinnvoll; eine Umsetzung war bisher jedoch nicht abzusehen. Nach der „Wende" im Münsteraner Rathaus (rot-grüne Mehrheit seit der Kommunalwahl 1994) stehen die Chancen für eine Realisierbarkeit dieses Projekts allerdings besser als je zuvor. Bei einer Wiederaufnahme ist angedacht, außer den früheren Bahnstationen (Gremmendorf, Angelmodde, Albersloh, Alst, Sendenhorst, Tönnishäuschen und Enniger) zwei neue Halte in der Stadt Münster einzurichten, an der Halle Münsterland und am Gewerbegebiet Loddenheide. In Verbindung mit der vielfach gewünschten Stadtbahn wäre eine neue Führung der WLE-Trasse für Personenzüge über den Albersloher Weg und die Hafenstraße auf den Bahnhofsvorplatz denkbar. Der Hauptbahnhof wurde von den WLE-Zügen übrigens erst seit 1949 erreicht, vorher endeten die Züge aus Neubeckum am WLE-Bahnhof Münster-Ost, der sich im Bereich Albersloher Weg/Hafenstraße befand. Das Gelände wird heute als Parkplatz genutzt.

NEUBECKUM – ANNELIESE – WARENDORF (WLE)

Die im Jahre 1901 in ihrer gesamten Länge eröffnete Strecke Neubeckum–Warendorf (1899 wurde bereits der südliche Abschnitt bis Freckenhorst dem Verkehr übergeben) wurde 1956 zwischen Westkirchen und Warendorf stillgelegt und sogleich abgerissen. 1973 traf das gleiche Schicksal den Abschnitt Westkirchen–Zementwerk Anneliese (nördlich von Ennigerloh), nachdem 1970 auch zwischen Westkirchen und Neubeckum der Personenverkehr eingestellt worden war. Infolge der ortsansässigen Zementindustrie findet zwischen Neubeckum und Anneliese ein umfangreicher Güterverkehr statt. Wer will, kann heute bei Westkirchen ein ehemaliges Trassenstück mit dem Fahrrad bereisen.

7

Die ehemals internationale Verbindung Münster–Enschede (–Amsterdam) und ihre Zweigstrecken

Von der Provinzialhauptstadt zur holländischen Grenze

MÜNSTER–BURGSTEINFURT–OCHTRUP–GRONAU (KBS 407)

Internationale Züge verkehrten einst auf der Strecke Münster–Gronau, sei es von Karlshafen nach Enschede (NL) oder aber von Münster nach Amsterdam. Der grenzüberschreitende Zugverkehr auf der am 30. September 1875 eröffneten Strecke gehört zwar der Vergangenheit an, könnte aber schon in einigen Jahren wieder zur Tagesordnung gehören, zahlreiche Institutionen bemühen sich zumindest um eine Wiedereröffnung des Grenzüberganges. Auch wenn die Fernverkehrsfunktion derzeit fehlt, von allen nicht elektrifizierten Strecken des Münsterlandes weist die Verbindung Münster – Gronau die meisten Fahrgäste auf.

Die Gronauer Stecke zweigt im Stadtgebiet von Münster im Betriebsbahnhof Nevinghof von der Bahnlinie Münster – Rheine ab. Den hier einmünden-

624 620 am 28.9.1986 auf dem Weg nach Gronau, zwischen Nevinghof und Nienberge am BÜ der Straße „Heidegrund". (WP)

den Anschluß Marienthal sowie den neuen Haltepunkt Münster Zentrum Nord, der neben der Erschließung des Stadtteiles Coerde in erster Linie den zahlreichen Beschäftigten des „Zentrum Nord" eine Alternative zum Individualverkehr bieten soll, haben wir bereits im Kapitel zur Rheiner Strecke kennengelernt. Seit dem Fahrplanwechsel im Mai 1995 halten hier auch die Züge der Gronauer Strecke. Nachdem wir einige Felder passiert haben, ist der verbliebene Bahnsteig des ehemaligen Haltepunktes Kinderhaus auszumachen. Erster Haltebahnhof ist jedoch Nienberge, der abseits vom eigentlichen Ortskern Nienberges in der Siedlung Nienberge-Häger liegt. Die geplante Erweiterung der Siedlung durch ein großes Baugebiet könnte dem Bahnhof eine neue Bedeutung geben. Die Altenberger Höhen sorgen nun für etwas Abwechslung in der flachen Landschaft des Münsterlandes. Der Bahnhof Altenberge liegt, wie so viele Bahnhöfe, nicht mitten im Ort, sondern am äußeren Rand. Hier findet werktags zu jeder Stunde die Kreuzung der Züge nach Münster und Gronau statt. Nur 3 km beträgt die Entfernung zur Station Nordwalde, inzwischen vom Bahnhof zum Haltepunkt zurückgebaut. Wie auch in anderen Ortschaften bereits geschehen, wurde der Fahrkartenverkauf in eine Agentur im Ort verlagert. Durch den Zusammenschluß von Borghorst und Burgsteinfurt zur Stadt Steinfurt – im Zuge der kommunalen Neuordnung – besitzt die Kreisstadt nunmehr zwei Bahnstationen an der Strecke. Zunächst erreichen wir den Bahnhof Borghorst, der sich in den Ausmaßen etwas größer als die bisherigen Stationen präsentiert. Nach wenigen Kilometern wird das Streckengleis der Verbindung Coesfeld–Rheine unterquert, ehe wir in Burgsteinfurt einlaufen. Größere Schotterflächen lassen vermuten, daß es sich hier nicht um eine einfache Durchgangsstation handelte. In der Tat trafen sich hier einmal drei Strekken: Auf unserer Seite des Bahnhofs endete am Mittelbahnsteig die WLE-Nordbahn Borken–Ahaus–Burgsteinfurt, auf der anderen Seite des Empfangsgebäudes fuhren die Züge der Strecke Oberhausen–Coesfeld–Rheine–Quakenbrück ab. Obschon der Personenverkehr nach Rheine beziehungsweise Coesfeld 1984 eingestellt wurde, ist erfreulicherweise die alte Bahnsteigüberdachung (mit gußeisernen Säulen) am Bahnsteig erhalten geblieben. Leider endete hier inzwischen auch der Güterverkehr. Einsam und verlassen präsentiert sich in der Metelener Heide die inzwischen zum Haltepunkt „degradierte" Station Metelen Land. Dank des Engagements der Gemeinde ist das Empfangsgebäude erhalten geblieben. Nach erfolgter Renovierung beherbergt es heute ein kleines Eisenbahnmuseum mit zahlreichen regionalen Exponaten. Auf einem kurzen Gleisstück an der Ladestraße fristet eine Diesellok ihr Dasein als Denkmal. Trotz der Entfernung zum Ortskern nutzen zahlreiche Pendler die Bahnstation, ferner erreichen Ausflügler von hier aus in wenigen Minuten den bekannten Vo-

634 613/924 414/624 671 als N 7072 Münster–Gronau am 3.7.1990 zwischen Nevinghof und Nienberge. (WP)

624 644 am 22.4.1990 als 7090 Münster–Gronau in Borghorst. Der 624 hatte noch seine Übergangstür, außerdem Außenlautsprecher; zwei gekuppelte Einheiten, zusätzlich mit einem 924er Gesellschaftswagen ausgerüstet, wurden vom Bw Osnabrück gern als Ausflugszüge eingesetzt, so auch als „Säuferzüge" zur Mosel. (WP)

212 mit Zug 7084 Münster–Gronau im Juli 1987 in Burgsteinfurt. Rechts in der Schotterwüste befanden sich früher die Gleise der WLE-Nordbahn nach Ahaus–Borken. Hinter dem letzten Wagen des Nahverkehrszuges ist das schlichte Fahrdienstleiter-Stellwerk sichtbar. (CS)

gelpark Metelener Heide. Im Gegensatz zu den anderen Zwischenbahnhöfen der Strecke verfügt der Bahnhof Ochtrup, einst Abzweigbahnhof der Strecke nach Rheine, über Lichtsignale. Die Einführung der Dr-Technik ist auch für den Rest der Strecke geplant. So sollen künftig Dr-Stellwerke in Altenberge und Borghorst in vorhandenen Gebäuden installiert werden und mehrere derzeitige Stellwerke ersetzen. Der Betriebsbahnhof Goorbach ist seit Juni 1994 zurückgebaut worden, war jedoch schon in den Jahren vorher ständig durchgeschaltet. Der Bahnhof der Grenzstadt Gronau ist heute Endpunkt dieser Strecke. Weite Schotterflächen lassen die einstige Bedeutung Gronaus als Knotenpunkt erahnen. Westlich der Anlagen des Personenbahnhofs schlossen sich die umfangreichen Rangiergleise und das Gelände des Bahnbetriebwerkes Gronau an.

Bis auf ein Zugpaar verkehren die Nahverkehrszü-

624 646 erreicht am 2.8.1983 den Bahnhof Gronau. Das damalige Wärterstellwerk ist inzwischen zum Fahrdienstleiterstellwerk „befördert“ worden. (CS)

Vorbildlich restauriertes EG Metelen Land, von der Straßenseite, 16.6.1990; heute ein kleines Museum. (WP)

ge dieser Strecke als Triebwagen der BR 624/634. Wegen des hohen Fahrgastaufkommens im Berufsverkehr fährt morgens ein mit einer 212 bespannter Wagenzug nach Münster (Ankunft kurz vor 7.30 Uhr) und nachmittags kurz nach 16 Uhr ab Münster.

Einst Eisenbahn – heute Fahrradweg

OCHTRUP – RHEINE

Die Bahnverbindung zwischen Ochtrup und Rheine hat während der Betriebszeit keine bedeutende Rolle

Seit der Stillegung und dem Abbau der Strecke erfolgt die Bedienung des Anschlusses Quarzwerke bei Neuenkirchen per Straßenroller; Febr. 1989. (CS)

gespielt. Es ist schon erstaunlich gewesen, daß diese Verbindung in unmittelbarer Nähe zu den Bahnstrecken Ochtrup–Burgsteinfurt und Burgsteinfurt–Rheine überhaupt errichtet wurde. Der Personenverkehr auf der am 15. Oktober 1905 eröffneten Strecke wurde 1969 eingestellt, der letzte Güterzug verkehrte zwischen Wettringen und Rheine am 30. Dezember 1988. Im Bahnhof Ochtrup der Verbindung Münster–Gronau nahm die Strecke, deren Trasse inzwischen zum Teil als Fahrradweg ausgebaut worden ist, ihren Anfang. Erster Unterwegsbahnhof war Langenhorst, dessen heute als privates Wohnhaus dienendes Bahnhofsgebäude neben der B 54 steht. Über Welbergen führte die Strecke nach Wettringen, auch hier steht noch das alte Bahnhofsgebäude. Nur ein kleiner Haltepunkt hingegen war Maxhafen. Kurz vor Neuenkirchen (b Rheine) sind am dortigen Quarzwerk noch Reste des Anschlußgleises zu entdecken und gelegentlich auch ein Güterwagen. Dieser wird seit der Streckenstillegung per Straßenroller zugeführt. In Neuenkirchen ist ebenfalls noch das ehemalige Empfangsgebäude vorhanden. Weiterer Zwischenhalt war Wadelheim. Parallel zur Bahnlinie Quakenbrück–Rheine mündete die Strecke in den Rheiner Bahnhof ein.

„Landesgrenze – alles aussteigen!"

GRONAU–ENSCHEDE

Von Gronau bis Enschede sind es zwar nur 9 km, dennoch klafft hier eine Lücke auf der Streckenkarte des Kursbuchs. Man mag sich heute dort vorkommen wie ein Reisender im vorigen Jahrhundert, als es im Oldenburgischen an der Bahnlinie von Cloppenburg für Reisende in Richtung Werlte hieß: „Landesgrenze – alles aussteigen!" Lange diente der Gronauer Grenzübergang, wie bereits erwähnt, dem internationalen Verkehr mit Verbindungen nach Amsterdam oder Karlshafen. Auf niederländischer Seite wurde der Streckenabschnitt zeitweilig auch im lokalen Verkehr mittels einiger Haltepunkte bedient: Glanerbrug (die Grenzstation), Zwarte Weg, Dolphia Dorp, Oldenzaalschestraat und Hengeloschestraat. Diese Haltepunkte könnten vielleicht auch in Zukunft wieder in Betrieb genommen werden, die Gleise der Strecke Gronau–Enschede liegen noch – inzwischen von vielen Bäumchen als Standplatz erkoren. Von mehreren Seiten gibt es Bemühungen, den grenzüberschreitenden Schienenverkehr wieder aufzunehmen. Schließlich besteht in Enschede Anschluß an das niederländische IC-Netz und über die Burgsteinfurter Strecke wird in Münster Anschluß an das deutsche IC-Netz hergestellt. Ferner könnte von Enschede über Coesfeld auch Dortmund erreicht werden. Fakt ist jedoch derzeit noch, daß 1981 die grenzüberschreitenden Personenzüge eingestellt wurden. So muß der Reisende in Gronau zur Zeit auf den Bus nach Enschede warten beziehungsweise umsteigen. Zum Glück braucht er hier Schusters Rappen nur für einige Schritte zu bemühen, im Gegensatz zur Situation damals an der oldenburgischen Landesgrenze.

Das Tingeltreintje

GRONAU–OLDENZAAL

Noch heute liegen im Westen Gronaus auf einer Teilstrecke vom Gronauer Bahnhof zum Gelände der Spinnerei „Deutschland" zugewachsene Gleise. Was dort den Eindruck eines ganz normalen Anschlußgleises erweckt, das hat jedoch eine wesentlich bedeutsamere Vergangenheit. Am 19. Juli 1903 wurde auf der normalspurigen Eisenbahnverbindung von Gronau ins holländische Losser und weiter nach Oldenzaal der planmäßige Personenverkehr aufgenommen. Der Bahnhof Gronau ("Holländische Bahn") befand sich auf Höhe des Bahnbetriebswerkes Gronau, an der Brookstraße, das ehemalige Kleinbahn-Empfangsgebäude ist heute noch als Wohnhaus vorhanden. Auf dem Weg nach Oldenzaal erreichte das „Tingeltreintje", wie der Zug genannt wurde, nach kurzer Fahrtdauer den an der Grenze gelegenen Bahnhof Glane. Nach kurzem Halt in Essenhuis wurde die Stadt Losser erreicht. Über Ter Denge, Bethlehem und Tol fanden die Züge ihren Weg zum Endpunkt Oldenzaal. Am 31. Dezember 1935 endete auf deutscher Seite der Personen- und Güterverkehr. Nach zwischenzeitlicher Wiederbelebung auf holländischer Seite durch eine Anbindung Lossers an die Strecke Gronau–Enschede ist auch der dortige Streckenabschnitt inzwischen abgebaut.

8 Vom Münsterland zum Niederrhein

Die Baumbergebahn

COESFELD–MÜNSTER (KBS 408)

Mit einer Höhe von bis zu 186 m bieten die Baumberge einige Abwechslung in der ansonsten eher flachen Landschaft des Münsterlandes. Und eben dieser Höhenzug hat der Bahnlinie ihren Namen gegeben: „Baumbergebahn". Wie bei vielen anderen Strecken des Landes auch, zeigen hier die Kilometersteine an, daß es sich bei der Verbindung Coesfeld–Münster um einen verbliebenen Teilabschnitt einer einst wesentlich längeren Strecke handelt. Empel am Niederrhein war der ursprüngliche Ausgangspunkt der 110 km langen Bahnlinie, die ihren Verlauf über Bocholt und Borken nach Coesfeld nahm, doch dazu an anderer Stelle mehr.

Beginnen wir unsere Reise im Bahnhof der Kreisstadt Coesfeld. Auswärtigen sei hier die richtige Aussprache dieses Ortsnamens verraten: Es handelt sich um ein norddeutsches Dehnungs-"e", also wird es richtig „Koosfeld" gesprochen.

Obschon im Laufe der Jahre die Zugverbindungen in zwei Richtungen (Empel und Rheine) eingestellt wurden, präsentiert sich der Coesfelder Bahnhof auch heute immer noch als inzwischen letzter Eisenbahnknotenpunkt im westlichen Münsterland. Auf

624 679 am Fdl-Stellwerk Cmf in Coesfeld, 10.5.1992. (WP)

Eröffnung der Busspur – mit Blasmusik – am 1. Bahnsteig in Coesfeld nach Abbau der Gleise 1 und 2, 27.5.1990. (CS)

fünf Bahnsteiggleisen beginnen und enden die Züge der Relationen Coesfeld–Münster, Coesfeld–Oberhausen, Coesfeld–Dortmund und Coesfeld–Gronau. Nach Abbau der Gleise 1 und 2 fahren auch die regionalen Buslinien seit dem 27. Mai 1990 den ersten Bahnsteig an und bieten so eine gute Verknüpfung der Verkehrsmittel. Der große Rangierbahnhof und die Reste des ehemaligen Bahnbetriebswerkes erinnern an vergangene Zeiten. Aber auch der heutige Zustand des Bahngeländes dürfte nur noch von kurzer Dauer sein. Es gibt bereits fertig ausgearbeitete Pläne, die eine neue Einfädelung der Dortmunder Strecke in den Bahnhof vorsehen, um so an der Stelle des südwestlichen Bahnhofkopfes neue Gewerbeflächen zu schaffen. Im Rahmen dieser Umbaumaßnahme soll auch die durchgehende Verbindung Dortmund–Gronau geopfert werden; wegen fehlender Weichenverbindung wäre dann ein Umsteigen erforderlich.

Bis Mitte November 1994 führte unsere in den Jahren 1907 und 1908 abschnittsweise eröffnete Strecke parallel zum Gleis der Bahnline Coesfeld–Rheine aus Coesfeld heraus bis zur Station Lutum, in der gleichnamigen Bauerschaft gelegen. Heute wird ab Coes-

624 602 am 14.6.1989 am Posten 35 bei Coesfeld. Heute benutzen die Züge der Strecke Münster–Coesfeld das hier im Bild links liegende Gleis der ehemaligen Verbindung nach Rheine. (CS)

624 670 am 19.11.1980 am ehem. Fahrdienstleiter-Stellwerk Lf in Lutum. Damals konnte über diese Weichen zwischen Lutum und Coesfeld wahlweise das Münsteraner oder das Rheiner Gleis benutzt werden. (WP)

Von der neuen Fußgängerbrücke hat man einen Überblick über den gesamten Bf Billerbeck. 634 627 ausfahrend Richtung Coesfeld im Juli 1994. (CS)

feld nur noch das Rheiner Gleis befahren, über das die Züge unserer Strecke vorbei an drei Schrankenposten nach Lutum gelangen, wobei kurz vor Lutum wieder auf das Münsteraner Gleis eingeschwenkt wird. Abseits jeder Ortschaft präsentiert sich Lutum heute als Haltepunkt. Dies war jedoch nicht immer so, einst verfügte der kleine Landbahnhof über bis zu vier Bahnsteiggleise. Noch bis 1975 hielten auch Züge der Rheiner Strecke, die sich hier von der Münsteraner Strecke trennt. Ab Lutum wird der Streckenverlauf, bedingt durch den Höhenzug der Baumberge, erheblich kurvenreicher, ehe das Städtchen Billerbeck, die „Perle der Baumberge" erreicht wird. Der Turm der St. Johannis-Kirche sowie die Türme des Billerbecker Domes grüßen schon von weitem. Der Bahnhof Billerbeck, der bei einigen Zügen als Kreuzungsbahnhof dient, verfügt über das ursprüngliche Empfangsgebäude, daneben ist auch noch der ehemalige Kleinlokschuppen zu entdecken. Einschnitte und Dämme prägen auch weiterhin den Streckenverlauf. Bei Kilometer 87,2 in der Bauerschaft Bombeck befand sich bis 1930 eine Ladestelle, in erster Linie für Sandsteintransporte. Die „Sandsteinroute", einer der vielen markierten (Rad-) Wanderwege, und der Longinusturm sind beliebte Ausflugsziele in der Region. Etwa einen Kilometer entfernt vom zugehörigen Ort liegt der Kreuzungsbahnhof Havixbeck. Hier wurde das alte Empfangsgebäude Anfang der siebziger Jahre durch einen Flachdachbau ersetzt. Von hier an verläuft die Strecke wieder ohne große Krümmungen in der Ebene; bei Kilometer 94,97 befand sich bis 1970 die Station Tilbeck. Weiden und Felder passie-

Es war einmal: Kreuzung von Diesel und Akku im Mai 1987 in Havixbeck; 624 506 auf dem Weg nach Coesfeld, 515-Garnitur auf dem Weg nach Münster. (CS)

Trotz hier ungewöhnlicher Baureihe von Lok und Straßenfahrzeug: Wir sind im Münsterland; Sonderzug nach Legden zum „Dorf Münsterland" mit 232 306 am 15.9.1994 bei der Durchfahrt in Havixbeck. Zwischen den Erzeugnissen aus Zwickau und Woroschilowgrad befindet sich ein einbetoniertes Gleis, welches zur Umladung von Großtransformatoren von der Schiene (Uaai-Tragschnabelwagen) auf die Straße dient. (WP)

624 639 als Nahverkehrszug Coesfeld–Münster am 18.4.1982 in Havixbeck. (WP)

624 644 auf dem Weg nach Coesfeld hat im August 1989 gerade den „Waldtunnel“ zwischen Roxel und Tilbeck durchfahren. (CS)

rend, wird bei km 99,5 der ehemalige Bahnhof Roxel (aufgelassen 1982) erreicht, unübersehbar das heute private ehemalige Bahnhofsgebäude.

Die Stadt Münster plant schon seit einigen Jahren die Wiedereröffnung der Bahnstation mit Verknüpfungen Bus/Schiene, um für Pendler von hier aus die westliche Innenstadt (mit Universität und vielen anderen Einrichtungen) zu erschließen. Ab Mecklenbeck – hier wurden die Halte ebenfalls 1982 eingestellt – verläuft unsere Bahnlinie direkt neben den beiden Gleisen der Hauptbahn Wanne-Eickel–Münster, um nach wenigen Kilometern den Münsteraner Hauptbahnhof zu erreichen. Von Mecklenbeck bis Münster ist das „Coesfelder Gleis" elektrifiziert und kann damit auch von mit E-Lok bespannten Zügen der Wanner Strecke befahren werden. Bliebe noch zu erwähnen, daß sich bis 1965 bei Kilometer 107 der Haltepunkt Geist befand. Im Personenverkehr werden neben den Triebwagen der Baureihe 624/634 seit Dezember 1994 auch Fahrzeuge der Baureihe 628 eingesetzt.

Erinnerung an den Heideexpreß

EMPEL–COESFELD

Bereits 1856 gab es Pläne zum Bau einer Strecke von Emmerich am Niederrhein nach Münster (und weiter nach Paderborn). Es dauerte jedoch noch über 40 Jahre, ehe eine ähnlich verlaufende Strecke gebaut wurde. Eröffnet wurde die in Empel beginnende Verbindung nach Münster in mehreren Abschnitten zwischen 1900 und 1908. Im Schienenpersonenverkehr bedient wird heute nur noch das Streckenstück Coesfeld–Münster, wie bereits oben zu lesen war. Der Schienenpersonenverkehr zwischen Empel-Rees und Isselburg-Anholt wurde im Mai 1962, zwischen Isselburg-Anholt und Coesfeld im Mai 1974 eingestellt. Die Strecke Empel–Coesfeld ist zum größten Teil abgebaut. Im Bahnhof Empel (später Empel-Rees) zweigte die Strecke von der Bahnlinie Oberhausen–Emmerich ab. Der Streckenverlauf ist in freier Natur anhand von Baumreihen noch gut erkennbar. Eine zunächst schmalspurige, dann auf 1435 mm umgespurte und elektrifizierte Bahn stellte bis 1966 übrigens eine Verbindung zwischen Empel und der Stadt Rees her. Im Bereich der heutigen Autobahnmeisterei (A 3) befand sich die kleine Station Vehlingen. Am Nordrand von Isselburg lag die Bahnstation Isselburg-Anholt, Ausgangspunkt der Kleinbahn nach Gendringen. Insbesondere für die Isselburger Hütte brachte die Streckeneröffnung einen großen Vorteil, weil Güter nun direkt verladen werden konnten und nicht mehr mühselig zum Bahnhof Empel gebracht werden mußten. Hier stoßen wir auf Schotterflächen, die den ehemaligen Verlauf der Gleise markieren.

In Kilometer 10,6 befand sich der Bahnhof Werth, dessen ehemaliges Empfangsgebäude heute als Wohnhaus genutzt wird. Etwa auf halber Strecke, zwischen Werth und Mussum, stoßen wir auf Gleise, die auch heute noch befahren werden. Die Anschließer des Industrieparks Bocholt, westlich der ehemaligen Station Mussum bescheren der Bahn ein recht umfangreiches Güteraufkommen. Das Stammgleis des Industrieparks wird laufend erweitert, es wird schon in Kürze eine Kreisform bilden. Im ehemaligen Bahnhof Mussum, in km 14, liegt nur noch das Streckengleis. Für gelegentlichen Personenverkehr sorgt auf diesem Streckenabschnitt der Verein zur Erhaltung und Förderung des Schienenverkehrs Bocholt (VEFS), der nicht nur hier Museumsfahrten anbietet. Schließlich mündet unsere Strecke in den Bocholter Bahnhof.

Erwähnung finden soll hier das Westfälische Industriemuseum/Textilmuseum Bocholt. Ein Besuch lohnt sich, nicht zuletzt deshalb, weil es auch eine Dampfspeicherlok und mehrere Wagen beherbergt. Im weiteren Streckenverlauf liegen noch Gleise bis zur ehemaligen Station Rhedebrügge, die jedoch nicht mehr befahren werden. Beim Haus Tenking befand sich früher ein Haltepunkt, der aber nicht mehr auszumachen ist, ganz im Gegensatz zum Bahnhof Rhede, wo wir noch das ehemalige Empfangsgebäude vorfinden. Zwischen Rhedebrügge und Borken wurde auf einem Teilstück der alten Bahntrasse ein Fahrradweg angelegt.

Im Bereich der Stadt Borken dienen einige hundert Meter Streckengleis Richtung Coesfeld heute als Anschluß, der an einer Rampe endet. Ramsdorf und Velen hießen die nächsten Bahnstationen. In Velen zweigte bis 1963 die sogenannte Vennebahn ab, ein Anschlußgleis zu den Torfwerken im südlich von Velen gelegenen Ort Hochmoor. Hinter Velen machte die Bahn einen großen Schlenker, um auch die „Glocken-

Vor dem repräsentativen ehemaligen Empfangsgebäude in Rhede rangiert am 5.8.1986 Kleinlok 332 285. *(CS)*

Wieder einmal eine letzte Fahrt, wieder eine Strecke weniger im Münsterland: Am 11.5.1985 absolvierte eine 601-Garnitur Pendelfahrten zwischen Coesfeld und Gescher, die letzte Fahrt war „ordnungsgemäß“ mit einem Schild versehen worden. *(CS)*

221 238 passiert am 12.6.1984 eine für die damals im Bau befindliche Autobahn A 31 bereits erstellte Überführung eines Wirtschaftsweges. Für die Bahn war, wie man sieht, kein ebensolches Bauwerk vorgesehen. (CS)

stadt" Gescher anzuschließen. Der Bahnhof Gescher lag am südlichen Ortsrand, wo auch heute noch das ehemalige Empfangsgebäude auszumachen ist. Nachdem in früheren Jahren unter anderem Glocken zu den Gütern gehörten, die in Gescher verladen wurden, erlangte im Kreise der Eisenbahnfreunde Gescher 1984/85 nochmals Bekanntheit durch die sogenannten Waschberge-Transporte zur Autobahnbaustelle (A 31), wo zwei 221er mit etwa 35 Fal-Wagen mehrmals täglich von Westerholt und Gelsenkirchen-Schalke eintrafen. Eher ein kleiner Zwischenbahnhof in einer Bauerschaft war Klye, in km 59,65 gelegen. Der Personenzughalt war hier bereits 1964 eingestellt worden. Ab Klye dient wieder ein Teil der Trasse als Wanderweg. Vor Coesfeld überquerte die Strecke zunächst die Dorstener Linie und mündete parallel mit selbiger in den Coesfelder Bahnhof ein.

Abgebaut und fast vergessen

ISSELBURG – GENDRINGEN

Als Verlängerung der bereits seit 1890 auf holländischer Seite existierenden Kleinbahnlinie von Terborg nach Gendringen entstand die 1903 eröffnete circa 6 km lange Verbindung von Gendringen zum Staatsbahnhof Isselburg-Anholt der Linie Empel–Münster. Zu dem Kleinbahnnetz der Gelderschen Stoomtramweg-Maatschappij gehörten auch noch die Verbindungen von Terborg nach Dieren und von Dieren nach Velp. Die Bahnen dienten dem Personen- und Güterverkehr. 1931 endete zunächst der Personenverkehr zwischen Isselburg und Gendringen, er wurde dann kurzzeitig um 1940 wieder aufgenommen. Bedingt durch Zerstörungen im Zweiten Weltkrieg wurde der Bahnbetrieb eingestellt, die Gleise wurden 1950 abgebaut.

9
Die erste Bahn im Münsterland und ihre späteren Zweiglinien

Münsters erster Bahnanschluß

HAMM–MÜNSTER (KBS 410)

Nun wollen wir die Strecke Hamm–Münster bereisen. Diese Strecke, am 26. Mai 1848 von der Münster-Hammer Eisenbahn-Gesellschaft eröffnet, brachte der Stadt Münster den ersehnten Bahnanschluß.

Eine Lok der Baureihe 141 zieht unseren Nahverkehrszug – seit 1966 ist die Strecke übrigens elektrifiziert. Wir überqueren die Lippe, und schon nach vierminütiger Fahrt ist der nächste Haltebahnhof erreicht. Ermelinghof hieß dieser ursprünglich, heute Bockum-Hövel. Zur Linken hinter dem Bahnhofsgebäude ist das Gleis der RAG-Strecke über Stockum nach Werne Ost erkennbar, die bis 1985 noch Personenverkehr aufwies, damals noch unter dem Namen Werne-Bockum-Höveler Eisenbahn. In Bockum-Hövel kann werktäglich ein Kohlenzug beobachtet werden, der von der DB (von Marl-Sinsen kommend, meist mit einer Lok der Baureihe 140 bespannt) an die RAG-Diesellok übergeben wird, die den Zug dann zum Kohlekraftwerk in Stockum bringt.

Unser Zug ist gut besetzt, kein Wunder, denn trotz fünf Zwischenhalten brauchen wir nur 30 Minuten für die 36 km lange Strecke. Mit dem Auto braucht man manchmal schon für die 6 km von Hiltrup bis Münster genauso lange. Wiesen und Felder passierend, zahlreiche Höfe entdeckend, halten wir im Bahnhof Mersch (Westf). Hier gibt es, da der kleine Dr-Stelltisch des Fahrdienstleiters im Empfangsgebäude untergebracht ist, einen Fahrkartenschalter, der von 5.15 Uhr bis 23.30 Uhr (!) geöffnet ist – länger als in manchem Großstadtbahnhof. Von Großstadt ist hier aber keine Spur zu sehen, nur wenige Häuser zählen wir rund um den Bahnhof; doch kommen zahlreiche Berufspendler aus den umliegenden Bauerschaften mit dem Fahrrad oder Auto zum Bahnhof Mersch.

Weiter geht es nach Drensteinfurt. An der Bahnhofseinfahrt sehen wir rechts das Stellwerk „Df“ (es ist das älteste Dr-S 2-Stellwerk im Bezirk der ehemaligen BD Münster), wenig später halten wir vor dem Empfangsgebäude, das nicht mehr als solches genutzt wird. Mersch und Drensteinfurt weisen je ein Überholungsgleis (für beide Fahrtrichtungen) auf, die nun folgende Station Rinkerode eins pro Richtung. In

140 726 am 7.9.1993 in Bockum-Hövel einfahrend mit Kohlenzug von Marl-Sinsen nach Stockum (RAG). Der Zug wird hier von der RAG-Lok übernommen. (WP)

110 324 durchfährt mit ihrem Schnellzug am 30.4.1990 ohne Halt den Bahnhof Drensteinfurt. (CS)

110 mit D 2817 am 30.10.1988 auf der südlichen Kanalbrücke in Hiltrup. (WP)

Rinkerode sind übrigens 1994 sämtliche Nebengleise (Ladestraße etc.) abgerissen worden.

Durch die Hohe Ward, ein beliebtes Wandergebiet, einst mit eigenem Haltepunkt namens Steinersee, erreichen wir nach Überquerung der beiden Fahrten des Dortmund-Ems-Kanals Hiltrup, seit der kommunalen Neuordnung ein Stadtteil von Münster. Auch hier dient das zur linken gelegene Empfangsgebäude nicht mehr dem ursprünglichen Zweck. Der Fahrkartenverkauf findet heute in einem Raum im Hiltruper Stellwerksgebäude statt. Sowohl Rinkerode als auch Hiltrup werden seit 1993 von Münster aus ferngesteuert. Kurz nach Verlassen des Bahnhofs, in einem Linksbogen, sieht man rechts einige geradeaus führende Gleise, die nach einigen hundert Metern enden und heute meist zum Abstellen „z"-gestellter Güterwagen dienen. Dies ist der Rest der alten Streckenführung nach Münster. Wir hingegen passieren auf unserem Weg den Abzweig Lechtenberg; von hier können Güterzüge Richtung Osnabrück auf die Güterumgehungsbahn wechseln, die in Sudmühle in die Strecke Münster–Osnabrück einmündet. Die Güterumgehungsbahn Mecklenbeck–Kanal wird wenig später überquert.

Nach Durchfahren eines Gewerbegebietes werden drei Streckengleise überquert, wovon das erste zur Dortmunder Strecke (KBS 411) gehört, die beiden anderen zur Wanner Strecke (KBS 425). Während in Fahrtrichtung rechts schon die umfangreichen Abstellgleise für Reisezugwagen zu sehen sind, kommt von links das Coesfelder Gleis (KBS 407) hinzu, das von Mecklenbeck bis Münster Hbf elektrifiziert ist. Nach Vorbeifahrt am Güterbahnhof, am ehemaligen

Kohlenbansen, wo sich heute die Diesel-Tankstelle befindet, und am blau gestrichenen sechsständigen Rechteck-Lokschuppen (in Fahrtrichtung rechts) erreichen wir den Hauptbahnhof von Münster, in dem aus Richtung Hamm nur die drei westlichen Bahnsteiggleise angefahren werden können.

Zwischen Hamm und Münster verkehrt werktäglich pro Richtung stündlich ein Nahverkehrszug (jetzt „SE") Rheine–Paderborn; hinzu kommen alle zwei Stunden ein Eilzug ("SE"), von/nach Köln, wobei der Takt am Nachmittag auf eine Stunde verdichtet wird, sowie zweistündlich ein IR (Münster–Frankfurt am Main) ohne Zwischenhalt. Außerdem verkehren auf dieser Strecke zahlreiche Güterzüge, die Mehrzahl allerdings zur Nachtzeit.

Auch sind hier nicht selten IC-Züge zu sehen, die eigentlich auf die Strecke 411 (Münster–Dortmund) gehören. Das hat folgenden Grund: Planmäßig begegnen sich die beiden stündlichen IC zwischen Dortmund und Münster auf dem zweigleisigen Streckenabschnitt zwischen Dortmund und Lünen. Hat aber der nach Süden fahrende Zug soviel Verspätung, daß auf dem eingleisigen Abschnitt zwischen Lünen und Münster eine Kreuzung stattfinden müßte, dann wird meist einer der beiden IC über Hamm gefahren. Zwar ist die Strecke über Hamm 11 km länger als die Direktverbindung über Lünen, dafür ist aber der Abschnitt Hamm–Dortmund für 200 km/h ausgebaut, so daß durch die Umleitung kaum Verspätungen auftreten. Der Autor konnte selbst schon beobachten, daß ein IC, planmäßig in Münster abgefahren, mit einer 120 bespannt und „scharf" gefahren, planmäßig in Dortmund eintraf.

Der Oberbau zwischen Münster und Hamm ist zum Teil grundlegend durchgearbeitet worden, da die IC-Züge Münster–Dortmund künftig planmäßig über Hamm fahren sollen.

Die Anschlußbahn nach Ermelinghof

BOCKUM-HÖVEL–WERNE OST (RAG)

Als Grubenanschlußbahn für die Zeche Werne wurde die Strecke Werne – Ermelinghof im Juli 1903 in Betrieb genommen und ein Jahr später für den öffentlichen Güterverkehr freigegeben. Seit 1905 wurde auch Personenverkehr durchgeführt. Dieser endete

Lok 93 hat mit dem damals noch im 24-Stunden-Takt verkehrenden Zug Werne Ost–Bockum-Hövel am 27.12.1984 den Bahnsteig im Anschlußbahnhof Bockum-Hövel erreicht. (CS)

Mehrere Pendelfahrten mit dem RAG-Schienenbus 750 fanden am 15.6.1991 auf der Strecke Werne–Bockum-Hövel statt. Das Foto zeigt den Schienenbus beim Halt in Stockum vor dem an diesem Tag eingeweihten Heimathaus Alter Bahnhof (ehemaliges EG); im Hintergrund ist das Stockumer Stellwerk zu sehen. (CS)

1985, wobei in den letzten zehn Jahren nur noch ein Zugpaar verkehrte, teils sogar als GmP. Die Fahrgäste waren zuletzt meistens alles andere als „normale" Reisende. Eisenbahnfreunde nahmen die Gelegenheit wahr, für 50 Pfennig diesen Zug zu benutzen. Hin und wieder nutzte auch eine Schar Kinder die Zugverbindung für die Feier eines Kindergeburtstages im Eisenbahnwaggon. Wo sonst konnte man um diese Zeit so preisgünstig Eisenbahn erleben? Heute wird auf der Strecke der Güterverkehr durch die Ruhrkohle AG durchgeführt, unter anderem zum Kraftwerk in Stockum, wo am früheren Bahnsteig das Stellwerk steht, direkt neben dem kleinen, inzwischen vom örtlichen Heimatverein genutzten Fachwerk-Empfangsgebäude.

Transportbahn mit Personenbeförderung

RINKERODE–ASCHEBERG

Ursprünglich nur als Feldbahn für den Transport von Baumaterialien zur Streckenbaustelle der Bahnlinie Münster – Preußen (eröffnet am 18. Oktober 1928) gedacht, diente die kleine 900-mm-Bahn ab 1917 für ungefähr sechs Jahre auch dem Personenverkehr mit den Haltepunkten Rinkerode, Bohnenkamp, Hohe Heide, Davensberg und Ascheberg. Der Verlauf zwischen Rinkerode und Davensberg läßt sich heute nur noch erahnen.

10
Die eingleisige IC-Strecke

(DORTMUND–) PREUSSEN–MÜNSTER (KBS 411)

Bereits vor dem Ersten Weltkrieg begannen die Planungen für den Bau einer Verbindung zwischen Preußen/Lünen (mit dortigem Anschluß an die Bahnlinie Dortmund–Gronau) und der Provinzialhauptstadt Münster, um Dortmund, die größte Industriestadt der Provinz Westfalen, endlich ohne den Umweg über Hamm oder Dülmen erreichen zu können. Bedingt durch den Krieg konnte die Bahnverbindung jedoch erst im Jahre 1928 eröffnet werden. Obschon zweigleisig trassiert, wurde die Strecke nur eingleisig erbaut, woran sich bis heute nichts geändert hat. Im Mai 1968 wurde der elektrische Betrieb aufgenommen.

Ein besonderes Merkmal der gesamten Strecke Preußen–Münster ist der Verlauf ohne niveaugleiche Bahnübergänge. Mit Ausnahme der Gegend um Capelle, wo die Bahn einschließlich des Bahnhof Capelle in einem Einschnitt liegt, verläuft fast die gesamte Strecke auf einem Damm. Aufgrund eines Dammrutsches wurde die Strecke 1990/91 gesperrt und erneuert. Die Chance zum zweigleisigen Ausbau, um das jetzt notwendige Kreuzen der IC-Züge mit den Zügen des Nahverkehrs in den Bahnhöfen zu vermeiden, wurde allerdings nicht genutzt. Ebenso unterblieb der Einbau des Linienleiters und die damit verbundene mögliche Geschwindigkeitssteigerung auf 200 km/h.

Von Preußen aus wird nach Überquerung des Datteln-Hamm-Kanals und der Lippe zunächst der Bahnhof Lünen erreicht, vom Zug kann man links auf unterer Ebene den Gronauer Bahnsteig erkennen. Der folgende Bahnhof Werne a d Lippe hat sein Empfangsgebäude am Fuß des Bahndammes, der Bahnsteig wird über eine Treppe erreicht. Treppensteigen ist auch in Capelle, Davensberg und Amelsbüren angesagt, um zum Zug zu gelangen. Lediglich in Ascheberg führt die Zufahrtsstraße am Damm hoch zum alten Bahnhofsgebäude und ermöglicht einen niveaugleichen Zugang zum Bahnsteig. In Ascheberg befindet sich das Stellwerk „Af“, von dem aus alle Stationen zwischen Werne und Amelsbüren (einschließlich) ferngesteuert werden. Nach Verlassen des Bahnhofs Amelsbüren überquert die Strecke den Dortmund-Ems-Kanal. Im Betriebsbahnhof Geist, heute von

Im Gegensatz zu den im gleichen Stil errichteten Empfangsgebäuden in Davensberg und Amelsbüren, welche inzwischen nicht mehr dem Bahnbetrieb dienen, befindet sich im Ascheberger EG noch ein Warteraum für Reisende; 11.5.1988. (CS)

Münster ferngestellt, gesellt sich unsere Strecke, kurz nach Passieren des ehemaligen Bedarfshaltepunktes „Preußen-Stadion", zur zweigleisigen Wanner Strecke (KBS 425) und unterquert die Hammer Strecke (KBS 410). Nach Vorbeifahrt an der Wagenabstellgruppe, dem Güterbahnhof und dem Lokschuppen (in Fahrtrichtung links) erreichen wir Münster Hbf.

Zwischen Geist Betriebsbahnhof und Münster Hbf können die Dortmunder Züge in beiden Richtungen auch die Gleise der Wanner Strecke benutzen. IC-Züge in Richtung Dortmund fahren in der Regel von Münster Hbf bis zum Betriebsbahnhof Geist auf dem Wanner Gleis, weil so im Hauptbahnhof schneller ausgefahren werden kann (Hp 1 statt Hp 2 bei Ausfahrt auf das Dortmunder Gleis). Die Weichenverbindung Wanner Gleise/Dortmunder Strecke im Betriebsbahnhof Geist besteht aus langen Weichen der Sonderbauart, die mit 90 km/h befahren werden können.

Lok der Baureihe 120 mit IC 815 am 29.5.1989 auf der Kanalbrücke nördlich Bf Amelsbüren. *(CS)*

Zwischen Dortmund und Münster verkehren werktäglich pro Richtung stündlich ein jetzt „SE" genannter Nahverkehrszug (111 mit Wendezug) und ein IC (mit 103), letzterer ohne Zwischenhalt. Bedingt durch die Eingleisigkeit der Strecke „dürfen" die Nahverkehrszüge jeweils zwei längere Halte einlegen, um eine Kreuzung mit einem IC (in Davensberg bzw. Amelsbüren) und eine Kreuzung mit dem Nahverkehrszug der Gegenrichtung (in Capelle) abzuwarten. An Freitag- und Sonntagnachmittagen kommen noch zahlreiche Doppelführungen von IC-Zügen sowie die planmäßigen „Bundeswehr-IC" hinzu. Aufgrund der nahezu erschöpften Kapazität dieser im Nordabschnitt eingleisigen Strecke findet durchgehender Güterverkehr planmäßig nicht statt.

11
Die Verbindung Dortmund–Gronau und die davon abzweigenden Strecken

Schrankenposten für Eisenbahnfreunde

(DORTMUND–) LÜNEN–COESFELD–GRONAU (KBS 412)

Im Jahre 1992 stand der Streckenabschnitt Coesfeld –Gronau fast vor dem „Aus". Nachdem durch den Waschberge-Transport zur Autobahnbaustelle der A 31 bei Heek der Oberbau zwischen Coesfeld und Ahaus in Mitleidenschaft gezogen worden war, wurde hier eine Langsamfahrstelle mit 30 km/h eingerichtet. Fast alles deutete auf eine Stillegung der Stecke hin. Es sollte jedoch anders kommen. Die Strecke wurde im Zeitraum Juli / August 1993 aufgearbeitet und wird seitdem wieder mit der ursprünglich zulässigen Geschwindigkeit befahren. Dennoch ist die langfristige Zukunft dieses Streckenabschnittes weiter ungewiß. Im Gegensatz zum recht gut frequentierten Abschnitt südlich von Coesfeld kann der nördliche Abschnitt bislang kein überragendes Reisendenaufkommen aufweisen. Allerdings ist die Zahl der Reisenden nach der Aufarbeitung der Strecke wieder gestiegen. Ein weiteres Potential könnte die von vielen Stellen diskutierte Wiedereröffnung des Grenzüberganges Gronau – Enschede mit vielleicht durchgehenden Zügen bringen.

Zu befürchten ist jedoch, daß sich durch den beabsichtigten Umbau der Coesfelder Bahnanlagen ein gebrochener Verkehr ergeben wird, der ein Umsteigen in Coesfeld verlangt, was sich eher nachteilig auf die Reisendenzahl auswirken dürfte. Zudem ist die Strecke sehr kostenintensiv aufgrund der zahlreich vorhandenen Schrankenposten – an kaum einer Strecke gibt es noch so viele Wärterhäuschen wie hier. Was Eisenbahnfotografen erfreut, ist leider betriebswirtschaftlich für die Bahn nicht immer von Vorteil.

Doch wenden wir uns zunächst der gesamten Strecke zu, die durch die Dortmund-Gronau-Enscheder Eisenbahn-Gesellschaft (DGEE) erbaut und in Abschnitten zwischen dem 25. November 1874 und dem 30. September 1875 eröffnet wurde. Vom Dortmunder Hauptbahnhof aus wird zunächst der aufgelassene Haltepunkt DO-Hoesch passiert, dann folgen die noch dem Personenverkehr dienenenden Stationen DO-Kirchderne und DO-Derne. Das Empfangsgebäude in Preußen präsentiert sich nach erfolgter Renovierung seit einigen Jahren recht freundlich,

Der ETA 150 war früher auf der Strecke Münster–Lippstadt ein gewohnter Anblick. 515 636 + 515 616 am 26.3.1994 auf Sonderfahrt der Arbeitsgemeinschaft Schienenverkehr Münsterland e.V. südlich Wiedenbrück in der Nähe des Haltepunktes Batenhorst. (WP)

212 255 als Vorspann vor einem 624 im November 1984 in Nordwalde. (CS)

Ein 624 im September 1989 auf dem Weg von Coesfeld nach Münster zwischen Tilbeck und Roxel; links im Hintergrund der Höhenzug der Baumberge. (CS)

In den Schluchten der Baumberge: 624 im Juni 1992 auf der Fahrt nach Coesfeld zwischen Havixbeck und Billerbeck. (CS)

Ehemaliges EG Lutum, heute Wohnhaus; 16.6.1990. (WP)

RAG 578 nach Übernahme des Kohlenzuges Marl-Sinsen–Stockum in Bockum-Hövel. (WP)

Fdl-Stellwerk Df in Drensteinfurt, 22.9.1994. (WP)

V 200 033 der Hammer Eisenbahnfreunde mit 4 Aym-Wagen des Verkehrsmuseums Nürnberg als Sonderzug zur Wiedereröffnung der Strecke Münster–Lünen nach erfolgter Dammsanierung, nördlich Bf Ascheberg am 1.6.1991. (WP)

Gronau ist heute Endpunkt der Züge aus Münster und Dortmund. Das Foto zeigt die mit ihrem Nahverkehrzug einfahrende 212 314 im Mai 1990 neben dem Fahrdienstleiterstellwerk. (CS)

Im September 1991 veranstalteten die Eisenbahnfreunde der Euregio-Eisenbahn Ahaus–Alstätte Dampfzug-Sonderfahrten auf der AAE. Dazu wurde eigens die kleine, bestens gepflegte Dampflok der Eisenbahnfreunde aus Haaksbergen nach Alstätte geholt. Das Foto in Alstätte zeigt hinter der Lok einen Wagen des VEFS Bocholt. (CS)

Reichlich PS für 2 leichte Wagen: 216 156 schiebt N 8722 Wesel–Bocholt am 15.7.1990 aus Dingden. (WP)

Recht unterschiedliche Pferdestärken begegneten sich am 14.6.1989 bei Rhade. Zum damaligen Zeitpunkt verkehrte ein Teil der Züge 216-bespannt. (CS)

216 035 mit N 8075 Oberhausen–Borken am 15.7.1990 in Marbeck-Heiden, damals noch Bahnhof, heute nur noch Blockstelle und Haltepunkt. (WP)

515 557 als Zug 7376 Coesfeld–Oberhausen am 13.8.1989 neben dem EG in Wulfen. (WP)

Da freute sich jeder Fotograf: Die altrote 211 066 war mit drei Umbauwagen am 2.10.1989 am Posten 23 südlich von Maria Veen unterwegs. *(CS)*

CS 14.1.5.1
Zum Abschied mit Schild und Trauerflor versehen präsentiert sich N 7198 am 28.9.1984 im Bahnhof Hauenhorst. *(CS)*

Mit dem InterCity „Gutenberg" von Münster nach Stuttgart durchfährt 120 121 am 21.7.1994 den Appelhülsener Bahnhof und passiert dabei das Fahrdienstleiter-Stellwerk. (CS)

Westlich des Empfangsgebäudes verläuft in Lünen die Gronauer Strecke, wo 624 649 auf seinem Weg von Dortmund nach Gronau im Hauptbahnhof einen Zwischenhalt einlegt. (CS)

212-bespannter Zug nach Dortmund im April 1991 auf der Dreigurtbrücke über den Dortmund-Ems-Kanal nördlich von Lüdinghausen. (CS)

nachdem es lange Zeit nur als abschreckendes Beispiel dienen konnte. Hier in Preußen finden wir den Kilometer „Null" der erst 1928 eröffneten Strecke

Preußen–Münster, die heute bekanntlich im IC-Verkehr befahren wird. Eigentlicher Umsteigebahnhof zwischen der Gronauer und der Münsteraner Strecke ist der auf zwei Ebenen angelegte Hauptbahnhof Lünen. Der Bahnhof Lünen ist ferner Endpunkt zahlreicher Züge aus Dortmund. Nach Passieren des ehemaligen Güterbahnhofs Lünen Nord verläßt die Strecke das Stadtgebiet und erreicht durch die Bauerschaft Sundern den Bahnhof Bork (Westf). Ein Empfangsgebäude gibt es hier nicht mehr, dafür aber noch zwei alte Stellwerke. Nichts außer einem entsprechenden Straßennamen deutet heute darauf hin, daß am nördlichen Bahnhofskopf einst ein mehrere Kilometer langes Anschlußgleis zu einer Zeche abzweigte. Keine zwei Kilometer auseinander liegen der Haltepunkt Selm-Beifang und der Bahnhof Selm. Wer sich für Schlösser und Burgen interessiert, der sei hier auf das Wasserschloß Nordkirchen – auch das „Westfälische Versailles" genannt – hingewiesen, das sich in circa 7 km Entfernung befindet. Ein größerer Zwischenbahnhof ist Lüdinghausen, auch hier gab es am nördlichen Bahnhofskopf ein längeres Anschlußgleis, welches in einem 180°-Bogen nach Westen herausführte. Wer sich die Mühe macht, kann Reste des Abzweigs noch im Gras nördlich des Bahnüberganges erkennen. Ein Aufenthalt in Lüdinghausen sollte auch ein Foto von der Dreigurtbrücke ermöglichen, mit der die Strecke nördlich der Stadt über den Dortmund-Ems-Kanal geführt wird. Ferner kann in Lüdinghausen ein Besuch der Burg Vischering – der ältesten Wasserburg im Münsterland – empfohlen werden.

Nach der bereits erwähnten Kanalüberquerung befindet sich einsam in einer Bauerschaft gelegen die Blockstelle Ondrup, früher Bahnstation. Eine Besonderheit stellt der Turmbahnhof Dülmen dar. Die Züge unserer Strecke halten im oberen Bahnhofsbereich, im unteren Teil befindet sich der Bahnsteig der Strekke Essen–Münster (KBS 425). Umfangreiche Park-and-Ride-Anlagen sind hier in letzter Zeit entstanden. Anschluß an die regionalen Buslinien gibt es direkt an den oberen Bahnsteiggleisen. Aufgelassen ist seit 1983 der Bahnhof Merfeld, abseits des Ortes gelegen. Bekannt ist Merfeld durch das Wildpferdegelände im Merfelder Bruch. Bei der Einfahrt in Lette läßt

Den Haltepunkt Lette verlassen hat soeben die 624-Garnitur und strebt am 21.7.1994 Coesfeld entgegen, wobei die Fahrgäste noch einen Blick auf den Letter Kirchturm werfen dürfen. (CS)

EG Holtwick, am 16.6.1990 noch Fdl-Stellwerk Hf, heute nur noch Schrankenposten 50. (WP)

ein abgestellter Schienenbusbeiwagen vermuten, daß hier Eisenbahnfreunde ihr Domizil haben. Und so ist es auch; nach Umwandlung des Bahnhofs in einen Haltepunkt verlor das Empfangsgebäude seine ursprüngliche Funktion. Eisenbahnfreunde der Region bemühten sich um das Bahnhofsgebäude und können im „Eisenbahnmuseum Alter Bahnhof Lette" inzwischen eine umfangreiche Sammlung an Eisenbahnexponaten präsentieren. Wenige Kilometer weiter überquert die Bahn die Strecke Dorsten–Coesfeld und mündet wenig später in den Westteil des Coesfelder Rangierbahnhofs ein. In Fahrtrichtung rechts stehen noch einige Gebäudeteile als Reste des ehemaligen Bahnbetriebswerkes Coesfeld; Drehscheibe, Lokschuppen und Wasserturm sind nicht mehr vorhanden. Den Planungen zufolge soll dieser gesamte westliche Teil gleisfrei werden, um Platz für Gewerbeansiedlungen zu schaffen. Dieses Unterfangen würde eine neue Einfädelung der Dortmunder Strecke in den östlichen Teil des Rangierbahnhofs mit sich bringen. Derzeit erreichen die Dortmunder Züge den Personenbahnhof jedoch noch am Bahnsteig 3.

Während zwischen Dortmund und Coesfeld im Stundentakt gefahren wird, gibt's auf dem nun folgenden Abschnitt Coesfeld–Gronau zeitweise nur ein zweistündiges Angebot, samstags ab 14 Uhr und sonntags herrscht hier Betriebsruhe. Eingesetzt werden im Personenverkehr ausschließlich die Triebwagen-Baureihen 624/634. Die Triebwagen der Baureihe 628 gaben hier nur ein kurzes Zwischenspiel, da sich die Platzkapazität als zu gering erwies.

Erste Bahnstation nördlich von Coesfeld ist Holtwick, am Ortsrand gelegen. Im Zuge der Streckenaufarbeitung wurde Holtwick zurückgebaut, vom Bahnhof zum Haltepunkt, das ehemalige Fahrdienstleiter-Stellwerk im Empfangsgebäude „firmiert" nun als Schrankenposten 50. Neben diesem Posten gibt es zwischen Coesfeld und Gronau noch acht weitere Schrankenposten, von denen einige wegen ihrer noch im original preußischen Baustil erhaltenen Wärterhäuschen als Fotomotiv einladen.

Einladend wirkt auch der in einem Wäldchen am Rande der zugehörigen Ortschaft gelegene Haltepunkt Legden mit Blockstelle, im Rahmen der Baumaßnahmen wurden hier ebenfalls das Kreuzungsgleis und Weichen abgebaut. Die Blockstelle ist untergebracht im Empfangsgebäude, das mit seiner Holzverkleidung ein Einzelstück im Münsterland darstellt. Ab und an ist Legden Ziel von Sonderzügen, wenn Gesellschaftsfahrten zum in Legden gelegenen

Der Streckenabschnitt nördlich von Coesfeld weist noch zahlreiche Schrankenposten auf, hier passiert 216 246 mit Zug nach Gronau am 13.6.1989 den Posten 56 kurz hinter Legden, das Einfahrvorsignal ist mit dem Rückbau Legdens zur Blockstelle inzwischen verschwunden. (CS)

Ein 624 als Zug 7630 Gronau–Dortmund am 22.2.1995 in Epe. (CS)

„Dorf Münsterland“ führen. Oftmals müssen dann Sonderschichten eingelegt werden, da die Züge erst am späteren Abend zurückfahren.

Vor Jahren war auf dem Ahauser Bahnhof noch richtig was los, konnte man von hier aus doch mit dem Zug in fünf Richtungen fahren. Nachdem Ahaus 1875 durch die Gronauer Strecke Anschluß an das Eisenbahnnetz bekommen hatte, erweiterte sich das Bahnangebot in der Stadt im Jahre 1902 durch die WLE-Nordbahn Borken – Ahaus – Burgsteinfurt. 1903 kam noch die grenzüberschreitende Ahaus-Enscheder Eisenbahn hinzu. Die Enscheder Strecke wird heute noch im Güterverkehr bis Alstätte befahren, die „Nordbahn“ ist bis auf einige hundert Meter, die in Richtung Heek als Anschluß zum Atommüll-Zwischenlager Ahaus verblieben sind, abgebaut. An den ehemals folgenden Bahnhof Lasterfeld, in gleichnamiger Bauerschaft gelegen, erinnert heute fast nichts mehr. Die nächste Station heißt Epe, sie verfügt über ein kleines Empfangsgebäude mit Stellwerk und Fahrkartenausgabe, einen Neubau, der 1987/88 nach Brand und Abriß des alten Bahnhofsgebäudes entstand. Mit Gronau wird der Streckenendpunkt erreicht.

Die „weltbekannte“ Bahn

AHAUS – ALSTÄTTE (– ENSCHEDE) (AAE)

Güterwagen der AAE (Ahaus-Alstätter Eisenbahn) sind heute europaweit anzutreffen; die AAE hat sogar eine eigene UIC-Kennziffer, nämlich die 68. Die Bahnlinie von Ahaus nach Alstätte hat jedoch eher lokalen Charakter. Die ursprünglich grenzüberschreitende Strecke der ehemaligen Ahaus-Enscheder Eisenbahn-Gesellschaft (AEE) nach Enschede Süd wurde am 25. April 1903 eröffnet. An Zwischenstationen existierten Wessum, Averesch, Alstätte, Broekheurne und Esmark. Der Güterverkehr zwischen Alstätte und Broekheurne wurde 1967, der zwischen Broekheurne und Enschede Süd 1970 eingestellt. Zwischen Alstätte und Ahaus endete der Personenverkehr im Jahre 1966. Der Personenverkehr zwischen Alstätte und Enschede war nach dem Zweiten Weltkrieg nicht wieder aufgenommen worden. Heute enden die Gleise einige hundert Meter hinter Alstätte in der Bauerschaft Brook. Die Personenzüge begannen in Ahaus an einem ehemals vorhandenen Stumpfgleis am Hausbahnsteig. Das Gleis war an eine Drehscheibe angeschlossen.

Auch heute noch kann man gelegentlich mit dem Personenzug von Ahaus nach Alstätte fahren. Der Museumsbahnverein „Euregio Eisenbahn Ahaus–Alstätte“ bietet diese Fahrten an. Einzige Unterwegsstation ist Wessum, wo die Museumsbahner einen neuen Bahnsteig angelegt haben; im Güterverkehr sind hier mehrere Anschlüsse zu bedienen. Endbahnhof ist Alstätte, wo sich neben dem ehemaligen Empfangsgebäude, das heute die Verwaltung der AAE beherbergt, auch noch der alte Lokschuppen befindet. Einzige Lok der Ahaus-Alstätter Eisenbahn ist übrigens die „Alstätte I“, vormals als Lok „Edewecht“ der ehemaligen Kleinbahn Bad Zwischenahn–Edewechterdamm im Einsatz.

Auf den Spuren der WLE-Nordbahn

BORKEN – AHAUS – BURGSTEINFURT

Weitab vom ursprünglichen Streckennetz der Westfälischen Landes-Eisenbahn wurde im westlichen Münsterland am 1. Oktober 1902 die „WLE-Nordbahn“ Borken (Westf)–Stadtlohn–Ahaus–Burgsteinfurt mit einem Abzweig von Stadtlohn zum grenznahen Vreden (Westf) feierlich eröffnet. Anschluß an die Staatsbahn bestand in Borken, Ahaus und Burgsteinfurt.

Beginnen wir unsere Reise in Borken, wo die Nordbahn über eigene Bahnanlagen mitsamt Empfangsgebäude, nordöstlich des Staatsbahnhofs, verfügte. Erst 1951 entstand ein zusätzliches Verbindungsgleis, das eine direkte Einführung der Nordbahn-Züge an die Bahnsteige des Staatsbahnhofs ermöglichte. So war für den ab diesem Zeitpunkt verkehrenden „Grenzland-Expreß“ Bentheim–Gronau–Ahaus–Borken–Ruhrgebiet eine Fahrt ohne Umsetzen möglich.

Bereits nach gut einem Kilometer Fahrt war der Haltepunkt Gemen erreicht. Die Stationen Weseke und Südlohn waren als Bahnhof mit Empfangsgebäude, Kreuzungs- und Gütergleis ausgestattet. Im Haltepunkt Hundewick, in der gleichnamigen Bauerschaft gelegen, erfolgte der Fahrkartenverkauf in der anliegenden Gaststätte. Betriebsmittelpunkt mit um-

Stadtlohn

DB
221 134-0

Betriebsmittelpunkt der WLE-Nordbahn war der Bahnhof Stadtlohn, wo am 8.3.1984 WLE-Lok VL 0601 rangierte; wenig später – zum 1.4.1984 – übernahm die DB die Streckenbedienung. (CS)

fangreichen Gleisanlagen, Stellwerk, Lokschuppen und Werkstätte war der in km 17,7 gelegene Bahnhof Stadtlohn, zugleich Ausgangspunkt der 9,2 km langen Stichstrecke nach Vreden (Westf) mit den Haltepunkten Wessendorf und Wenningfeld. Vor dem ehemaligen Empfangsgebäude in Stadtlohn haben ortsansässige Eisenbahnfreunde zur Erinnerung an den Eisenbahnbetrieb eine Dampflok und einen Personenwagen aufgestellt.

Nächste Haltestation in Richtung Burgsteinfurt war Almsick, inmitten eines großen Waldgebietes gelegen. Die Gaststätte im alten Bahnhofsgebäude ist heute ein begehrtes Etappenziel für Radwanderer. Ebenfalls abseits jenen Ortes lag der Haltepunkt Quantwick, 4 km vor dem Gemeinschafts- und Umsteigebahnhof Ahaus. Die Züge der WLE hielten hier an einem zweiten Mittelbahnsteig, der aber heute nicht mehr vorhanden ist. In nordöstlicher Richtung führen auch heute noch einige hundert Meter Gleis der ehemaligen Strecke aus dem Bahnhof Ahaus heraus, erfüllen jedoch nun zusammen mit einer neutrassierten Weiterführung die Funktion eines Anschlußgleises. Parallel zur Bundesstraße 70 wurden der Haltepunkt Ahler Kapelle und anschließend der Bahnhof Nienborg-Heek, am Ortsrand gelegen, erreicht. Hier steht noch das alte Empfangsgebäude, ebenso wie im folgenden Bahnhof Metelen Ort, wo der interessierte Eisenbahnhistoriker den Spuren der Bahn mit dem Fahrrad folgen kann. Durch die Metelener Heide führten die Gleise zum Bahnhof Burgsteinfurt, wo die Nordbahn westlich der Staatsbahngleise endete.

Am 31. Mai 1958 endete der Personenverkehr zwischen Stadtlohn und Vreden (Westf), am 30. September 1962 auch zwischen Burgsteinfurt und Borken mit Ausnahme des bereits erwähnten „Grenzland-Expreß“, der bis 1975 verkehrte. Zum Jahresende 1972 wurde der Abschnitt Ahaus – Burgsteinfurt stillgelegt, die Strecke bis Heek verblieb zunächst als Anschlußgleis. 1976 erfolgte die Stillegung des Teilstückes Stadtlohn – Ahaus. Am 30. März 1984 endete der Einsatz der kleinen WLE-Diesellokomotiven. Die Deutsche Bundesbahn übernahm die Bedienung der Strecke Borken – Stadtlohn – Vreden. Am 27. Januar 1988 verkehrte auf der Nordbahn der letzte Übergabezug. Die Strecke wurde abgebaut.

Am 13.4.1987 begann der Transport von sog. Waschbergematerial für den Autobahnbau zur Entladestelle bei Heek. 221 134 erreichte frühmorgens mit dem ersten Zug die Entladestelle. Wie schon zwei Jahre zuvor in Gescher, erfolgte auch hier nach getaner Arbeit der Abbau der Strecke. (CS)

12
Um Bocholt

Mit dem „Bocholter" unterwegs

WESEL–BOCHOLT (KBS 421)

Heute präsentiert sich der Bahnhof Bocholt in seiner neuen Ausgestaltung mit modernem Bahnhofsgebäude und einem Busanschluß (auch in die Niederlande) direkt am einzigen Bahnsteig als Endbahnhof der Strecke Wesel–Bocholt. Das vorherige Empfangsgebäude wurde restauriert und dient zukünftig als Kulturzentrum. Zwar führen immer noch Gleise in nördlicher Richtung aus dem Bahnhof heraus, doch werden diese schon seit Jahren nicht mehr befahren. Bei diesen Gleisen handelt es sich um die Reste der ehemaligen Strecken nach Winterswijk (Gleis bis Barlo) und Borken (Gleis bis Rhedebrügge). Das im südlichen Bahnhofsbereich abzweigende Gleis der ehemaligen Strecke nach Empel-Rees liegt noch, es führt nach einigen hundert Metern zum Anschluß Industriepark Bocholt am ehemaligen Bahnhof Mussum. Diese Relikte erinnern an die Zeiten Bocholts als Eisenbahnknotenpunkt; neben den erwähnten Strecken gab es auch noch die Dampfstraßenbahn nach Gendringen. Vom Bahnbetriebswerk Bocholt, dessen Ringlokschuppen mitsamt weiterer Anlagen sich am südlichen Bahnhofskopf befand, ist indessen nichts mehr auszumachen. Dem großen Engagement der Stadt Bocholt ist es mit zu verdanken, daß überhaupt noch Schienenpersonenverkehr auf der am 1. Juli 1878 eröffneten Strecke Wesel – Bocholt besteht. So verkehrt seit Oktober 1990 aufgrund des finanziellen Einsatzes der Stadt auf der Strecke ein Triebwagen der Baureihe 628, der damals unter dem Namen „Der Bocholter" die lokbespannten Zug-Garnituren ablöste.

Die im Stundentakt für eine Zweigbahn in heutiger Zeit erstaunlich lange (werktags bis 22 Uhr) verkehrenden Züge beginnen ihre Fahrt im an der Strecke Oberhausen – Emmerich gelegenen Bahnhof Wesel. Schon nach wenigen Minuten ist der Haltepunkt Blumenkamp am Rande einer Siedlung erreicht. Auch die beiden folgenden Zwischenbahnhöfe Hamminkeln und Dingden sind am Ortsrand angesiedelt. Eine Fahrkartenausgabe gibt es in den Empfangsgebäuden nicht mehr, jedoch sind die in den Gebäuden befindlichen Stellwerke noch zeitweise für Zugkreuzungen des „Bocholters" mit Güterzügen besetzt. Der

aufmerksame Zugreisende kann auf den letzten Kilometern bis Bocholt noch die Bahnsteigreste der ehemaligen Haltepunkte Lankern in einer Bauerschaft und Biemenhorst in der gleichnamigen Siedlung entdecken, ehe, vorbei am ehemaligen Empfangsgebäude Bocholts, die Fahrt am neuen Bahnsteig endet. Bliebe der Vollständigkeit halber noch zu erwähnen, daß ehemals vier weitere Haltepunkte bedient wurden: Wesel Nord – an der Emmericher Strecke gelegen –, Lackhausen, Hamminkeln Süd und Bocholt Süd.

Bereits am 2.7.1988 brachte eine Präsentationsfahrt die Baureihe 628 auf die Strecke Wesel–Bocholt, hier am Einfahrsignal von Dingden. Bis zum planmäßigen Einsatz der Baureihe auf dieser Bahnlinie vergingen jedoch noch über 2 Jahre. (CS)

Grenzübergang bei Barlo

WINTERSWIJK – BARLO – BOCHOLT

Am 25. August 1880 wurde diese Zweigstrecke der Niederländisch-Westfälischen Eisenbahn-Gesellschaft (Bismarck–Winterswijk) eröffnet, die in Bocholt Anschluß an die Bahn nach Wesel hatte. Bereits 56 Jahre nach der Inbetriebnahme erfolgte der Abbau der Gleise zwischen Winterswijk und der Grenze, kurz darauf auch bis Barlo, dem einzigen auf deutscher Seite gelegenen Zwischenbahnhof der Strecke. Das Gleis Barlo–Bocholt, das seit Jahren in Höhe der Bocholter Eintrachtstraße in das ehemalige Streckengleis Bocholt–Borken mündet, wird seit 1990 nicht mehr befahren. Der Personenverkehr endete hier bereits in den fünfziger Jahren. Auf niederländischer Seite dient die Bahntrasse heute als Fahrradweg.

Am 12.10.1990 waren in Bocholt Bahnsteig und Bussteige bereits neu angelegt, der Fahrkartenverkauf fand jedoch noch im alten Bahnhofsgebäude (links) statt, der Neubau am hinteren Bahnsteigende wurde erst später errichtet. (CS)

Eine Dampfstraßenbahn-Verbindung von kurzer Dauer

BOCHOLT – LICHTENVOORDE

Keine lange Geschichte hat die Dampfstraßenbahn in Bocholt aufzuweisen. Im Jahre 1910 erfolgte die Eröffnung der Linie Bocholt – Lichtenvoorde über Aalten, deren Station in Bocholt sich am heutigen Berliner Platz befand. Der Personenverkehr wurde 1917 eingestellt. Der Abbau der Gleisanlagen in Bocholt erfolgte im Jahre 1937.

13 Die Niederländisch-Westfälische Eisenbahn

DORSTEN–BORKEN (KBS 424)

Ebenso wie Bocholt an der Kursbuchstrecke 421 hat auch Borken seine ehemalige Funktion als Knotenpunkt-Bahnhof längst verloren. Heute wird die Kreisstadt nur noch von den Zügen der Dorstener Strecke erreicht, die ihren Ausgangspunkt im stündlichen Wechsel in Essen beziehungsweise in Oberhausen haben. Mit der internationalen Verbindung Bismarck–Winterswijk (NL), zu der die hier besprochene Strecke gehört, bekam die Stadt Borken im Jahre 1878 Anschluß an das Eisenbahnnetz. 1902 kam für die Stadt die Verbindung von Empel hinzu, die 1904 bis Coesfeld und 1908 dann bis Münster fertiggestellt war. Im Jahre 1902 kam noch die über einen eigenen Bahnhof in Borken verfügende WLE-Nordbahn hinzu. Erst im Jahre 1951 bekamen die Personenzüge der Nordbahn durch den Bau eines neuen Verbindungsgleises einen direkten Anschluß an den Bundesbahnhof.

Doch beginnen wir nun unsere Streckenbetrachtung im Bahnhof Dorsten, dessen Empfangsgebäude sich zwischen den Gleisen der ehemaligen Rheinischen Eisenbahn-Gesellschaft (Westteil) und der ehemaligen Niederländisch-Westfälischen Eisenbahn-Gesellschaft (Ostteil) befindet. Wie an vielen anderen Orten, so haben auch hier zahlreiche Gütergleise ihre

Ein 216-bespannter Nahverkehrszug von Borken überquert am 14.6.1986 bei Dorsten die Lippe. (CS)

216 148 mit N 8066 Borken–Oberhausen, am 15.6.1994 in Rhade einfahrend. *(WP)*

einstige Funktion eingebüßt. Entstanden ist in den letzten Jahren, angrenzend an die westlichen Gleise, ein umfangreicher Busbahnhof. Verlassen wir den Bahnhof Dorsten in nördlicher Richtung, so zweigt nach Osten zunächst das Gleis der Dorstener Hafenbahn ab, das zum Wesel-Datteln-Kanal führt, der auch von unserer Strecke überquert wird. Nach einer weiteren Gewässerüberquerung (Lippe) erreicht die Strecke den Stadtteil Hervest mit der Station Hervest-Dorsten. Zahlreiche Gleise und ein imposantes ehemaliges Bahnhofsgebäude lassen noch die vergangene Bedeutung dieses Turmbahnhofs erkennen. Während unsere Züge am einzigen Bahnsteig der Nord-Süd-Strecken in Hervest-Dorsten oben halten, verlaufen im unteren Bahnhofsbereich die Gleise der am 1. März 1874 eröffneten ehemaligen Verbindung Haltern–Wesel, die einst sogar internationale D-Züge gesehen haben. Heute dient der untere Bahnhof noch den Kohlenzügen der Zeche Fürst Leopold in Hervest. Die Strecke in Richtung Haltern liegt noch bis zum VEW-Umspannwerk, das sich circa 2 km vor Lippramsdorf befindet. Der Streckenabschnitt in Richtung Wesel ist bis Drevenack abgebaut. Nördlich von Hervest trennen sich die bis hier parallel verlau-

Alle Personenzugleistungen der Borkener Strecke werden derzeit durch die Baureihe 624/634 erbracht, hier am 10.2.1995 als N 8062 nach Oberhausen in Borken. Der Hausbahnsteig wird nicht mehr von Personenzügen angefahren. *(CS)*

fenden Streckengleise der Borkener und der Coesfelder Linie. Nach Überquerung der Coesfelder Strekke wird der Bahnhof Deuten am Rande einer Siedlung erreicht. Der Bahnhof verfügt im Süden über eine modernes Flachdach-Stellwerksgebäude und im Norden über ein älteres Fahrdienstleiterstellwerk; das Fachwerk-Empfangsgebäude wurde 1978 abgerissen. Im Güterverkehr verfügt Deuten nur über einen in die Gerlicher Heide führenden Privatanschluß am südlichen Bahnhofskopf. 5 km sind es bis zur Station des Dorfes Rhade, ebenfalls inzwischen ohne Empfangsgebäude, dafür gibt's hier aber noch zwei alte Stellwerksbauten. Kurios erscheint die Bezeichnung des südlichen Stellwerks „RSt", welches für „Rhade Südturm" steht. Werbewirksam wird an der Hauptstraße des Ortes auf einem großen Schild auf den Stundentakt und die Fahrzeiten der Eisenbahnstrecke hingewiesen. Rationalisiert wird auch auf dieser Strecke. So wurden im November 1994 Maßnahmen zur Umstellung der letzten drei Schrankenposten auf freier Strecke (Posten 15, 18 und 19) getroffen. Bei km 34 befand sich früher die Blockstation Leblich. In 3 km Entfernung zum Ort Heiden liegt in der Siedlung Marbeck die Station Marbeck-Heiden mit einem sehenswerten kleinen Fachwerk-Bahnhofsgebäude. Das ehemalige Stellwerk Marbeck Nord ("Mn") ist heute nur noch Schrankenposten. Nach weiteren 5 km Fahrt wird Borken erreicht, wo für uns die Reise am Bahnsteig 2 endet.

Im Personenverkehr werden seit Dezember 1994 ausschließlich Triebwagen der BR 624/634 eingesetzt, die hier die zuvor verkehrenden Wagenzüge mit Loks der BR 216 und Akkutriebwagen der BR 515 ablösten.

Ein neues Biotop

BORKEN–WINTERSWIJK

Beim Streckenteil Borken–Winterswijk handelt es sich um den nicht mehr befahrenen Abschnitt der Eisenbahnverbindung Gelsenkirchen-Bismarck–Winterswijk. Wie bereits an anderer Stelle erwähnt, enden die Züge der Strecke heute in Borken. Bis 1961 wurden auch zwischen Borken und Burlo noch Personenzüge gefahren, der grenzüberschreitende Personenverkehr wurde allerdings nach der Einstellung im Zweiten Weltkrieg nicht wieder aufgenommen. Güterverkehr zwischen Burlo und Winterswijk fand bis 1979 statt. Heute wird das Gleis nicht mehr befahren. Auf niederländischer Seite hat sich auf der Trasse inzwischen ein Biotop entwickelt, mit zahlreichen Pflanzenarten. Neben der einzigen Zwischenstation Burlo gab es noch die Blockstellen „Gemenwirthe" und „Holland".

215 071 hat am 29.11.1989 in Burlo einige Wagen zugestellt. (CS)

14 Von Dorsten nach Quakenbrück

Kein Stundentakt für Lembeck

DORSTEN–COESFELD (KBS 424)

Bei der zweiten Strecke, die Dorsten verläßt, handelt es sich um ein Teilstück der 1879 eröffneten Strecke Oberhausen-Osterfeld Nord–Coesfeld–Rheine–Quakenbrück. Die Verbindung Dorsten –Coesfeld gehört zu den einstellungsbedrohten Eisenbahnlinien im Münsterland. Das Zugangebot ist, wie ein Blick ins Kursbuch zeigt, recht sparsam (vormittags „5-Stunden-Takt"). Der Fahrzeugeinsatz im Personenverkehr beschränkt sich auf die Baureihen 624/634 und 628.

Wie bereits bekannt, verläuft das Coesfelder Gleis zwischen Dorsten und Hervest-Dorsten zunächst parallel zum Borkener Gleis. Nach Unterquerung der Borkener Strecke heißt die erste Bahnstation Wulfen (Westf); zwei besetzte Stellwerke und ein ehemaliges Empfangsgebäude verursachen Betriebskosten, die im Servicebereich dem Kunden keinen Vorteil bringen. So ist es auf vielen (ehemaligen) Hauptbahnen. Anders sieht es im folgenden Bahnhof Lembeck aus, wo das einzige Stellwerk sich im Empfangsgebäude befindet; der Bahnmitarbeiter steht somit auch für Kundenfragen direkt zur Verfügung. Es soll nicht versäumt werden, an dieser Stelle auf das aus dem 17. Jahrhundert stammende Wasserschloß Lembeck hinzuweisen, das etwa einen Kilometer südlich des Ortes zu finden ist.

Erwähnt werden soll an dieser Stelle auch der Posten 20, im Rekener Ortsteil Klein Reken gelegen. Dieser preußische Schrankenposten befindet sich oberhalb der Strecke am Hang. Am Rande des Ortsteils Bahnhof Reken liegt die Station Reken. Das im Empfangsgebäude befindliche Wärterstellwerk ist durchgeschaltet, die Fahrkartenausgabe dort seit geraumer Zeit geschlossen. Besetzt ist jedoch noch das Fahrdienstleiter-Stellwerk an der nördlichen Bahnhofsausfahrt. Auf dem Weg nach Maria Veen werden zwei Schrankenposten passiert, an der Straße Groß Reken–Hülsten und in der Bauerschaft Niederstrote, südlich von Maria Veen. Ein Rest des ehemaligen Empfangsgebäudes in Maria Veen beherbergt das Stellwerk und einen Warteraum. Auf dem weiteren Verlauf nach Coesfeld werden im Letter Bruch die Gleise des ehemaligen Betriebsbahnhofs Heubach

Idyllisch liegt der Posten 20 in Klein-Reken am Hang neben der Trasse; am 14.6.1989 fuhr der MAN-Vorserientriebwagen 624 506 (erkennbar an der im Vergleich zur Serie abweichenden Türanordnung) an ihm vorbei. (CS)

EG Bf Reken, 15.6.1994. (WP)

passiert und wenig später der Posten 29. Hier befand sich bis 1985 die Überführung der Strecke Empel–Münster. Nach Unterquerung der Dortmunder Strecke wird der Bahnhof Coesfeld erreicht.

Reste einer Fernverbindung

COESFELD–RHEINE–QUAKENBRÜCK

Seit 1969 ist der Personenverkehr auf dem Streckenabschnitt Rheine – Quakenbrück eingestellt, seit 1984 auch zwischen Coesfeld und Rheine. Die Gleise der am 1. Juli 1879 als Verbindung zwischen dem Ruhrgebiet und den Nordseehäfen eröffneten Strecke liegen jedoch noch auf voller Länge, obschon heute auf Teilabschnitten auch kein Güterverkehr mehr stattfindet. Seit November 1994 wird von Coesfeld bis kurz vor Lutum das Rheiner Gleis von den Zügen der Strecke Coesfeld–Münster benutzt. Kurz vor Lutum schwenken die Züge wieder auf das Münsteraner Gleis. Zur Zeit besteht hier eine Unterbrechung unserer Strecke, da in Lutum auf eine Weichenanbindung mangels planmäßigen Verkehrs seitens der Bahn AG verzichtet wurde. Lutum war bis 1975 Haltepunkt für Züge der Rheiner Strecke, heute halten nur noch die Züge der Linie Coesfeld–Münster. In Darfeld hat die Gemeinde das ehemalige Empfangsgebäude erworben, restauriert und dort ein Kultur- und Begegnungszentrum eröffnet. Wie es die Tradition fordert, sind auch Eisenbahnexponate ausgestellt. Abseits der Stadt Horstmar, der „Stadt der Burgmannshöfe“, liegt der zugehörige Bahnhof. Hier steht noch das ehemalige Empfangsgebäude und erinnert an vergangene Zeiten. Der Bahnreisende konnte feststellen, daß viele Gebäude der Strecke im gleichen Stil erbaut sind, so zum Beispiel in Reken, Darfeld, Horstmar und Fürstenau. In der Bauerschaft Alst existierte ein Haltepunkt, der jedoch nicht mehr auszumachen ist. Nur wer sich auskennt, findet auch noch die Lage des ehemaligen Betriebsbahnhof Veltrup. Nach Überquerung der Eisenbahnlinie Münster–Gronau erreicht die Strecke den Bahnhof Burgsteinfurt.

Auch jenseits von Burgsteinfurt, im Hollicher Feld, befand sich früher ein Betriebsbahnhof namens Hollich. In St. Arnold (früher Neuenkirchen Land), mit einem kleinen, ehemaligen Empfangsgebäude, findet zumindest gelegentlich noch Güterverkehr statt. Über Hauenhorst, mit seinem alten Fachwerk-Empfangsgebäude und Stellwerk werden die umfangreichen Gleisanlagen von Rheine erreicht. Die Strecke nach Quakenbrück führt am nordwestlichen Bahnhofskopf – ehemals parallel zur Strecke nach Ochtrup – aus Rheine heraus. Der Bahnhof Altenrheine lag an der Kreuzung mit der B 481; nur noch eine große Schotterfläche erinnert an die Station, an der die „Tecklenburger Nordbahn“ abzweigt. Auf diesem nördlichen Streckenabschnitt werden noch Fürstenau, Karmann und Spelle im Güterverkehr bedient. Jenseits von Spelle wird das Gleis heute nicht mehr befahren.

An Personenzugstationen gab es zwischen Rheine und Quakenbrück neun an der Zahl, nämlich Altenrheine, Spelle, Beesten, Freren, Settrup, Fürstenau (Han), Bippen, Nortrup und Vehs. Daneben wurden

Das inzwischen abgerissene Stellwerk Df in Darfeld passierte am 20.9.1984 Triebwagen 624 602 als N 7180. (CS)

Der letzte planmäßige Personenzug Rheine–Coesfeld (N 7198) hat am 28.9.1984 Burgsteinfurt erreicht. Dieses Datum war zugleich der letzte Einsatztag einer komplett roten 624-Garnitur. (CS)

Der Anschluß Karmann an der Strecke Rheine–Quakenbrück wird durch die RVM bedient, am 31.1.1995 ist Lok 45 soeben am Abzweig eingetroffen, um einen Güterwagen abzuholen. (CS)

Mit einem Sonderzug von Fürstenau nach Norddeich Mole erreicht 216 149 Spelle. Die wartenden Reisenden durften am Morgen des 5.8.1989 sogar eine Zugkreuzung erleben. (CS)

drei Kreuzungsstellen eingerichtet. Es handelte sich um die Kreuzungsbahnhöfe Lulle zwischen Fürstenau und Bippen, Bockraden zwischen Bippen und Nortrup sowie Mimmelage zwischen Nortrup und Vehs. Im Gegensatz zu den Personenzugstationen sind diese Betriebsbahnhöfe jedoch kaum noch auszumachen.

15

Schnell ins Ruhrgebiet – und einst auch zum Niederrhein

Unterwegs im RSB-Café-Wagen

(WANNE-EICKEL–) HALTERN – MÜNSTER (KBS 425)

Einen Pott Kaffee und zwei belegte Brötchen auf dem Weg zum Büro, zwei oder drei Bier vom Faß nach getaner Arbeit – diese oder ähnliche Annehmlichkeiten bietet die Bahn in der RegionalSchnellBahn-Linie 2 zwischen Essen und Münster an. Die Einführung der RSB im Takt mitsamt den Café-Wagen hat der Strecke in den vergangenen Jahren einen weiteren Zulauf an Pendlern gebracht. Neben RSB und Nahverkehr (seit Mai 1995 „SE“ bzw. „RB“) dient die Strecke auch dem Fernreiseverkehr, unter anderem der IC-Linie 2, die hier südlich von Münster zweistündlich verkehrt.

Im Mai 1990 steht 216 156 mit Zug nach Essen–Langenberg–Wuppertal am Halterner Hausbahnsteig, daneben ist der geschobene Wendezug Münster–Essen eingefahren. (CS)

Kühe und Pferde auf einer Weide bei Appelhülsen stören sich im Oktober 1992 weder am Fotografen noch am vorbeieilenden InterRegio. (CS)

Beginnen wir unsere Reise mit der RSB, die von ihrem Ausgangspunkt Essen über Gelsenkirchen, Wanne-Eickel und Recklinghausen dem Münsterland entgegenstrebt, in Marl-Sinsen. Das ist eine Station am nördlichen Ruhrgebietsrand mit dem Charakter eines Haltepunktes. Am Rand der Haard entlangfahrend, passiert die RSB, noch während wir unseren Kaffee ordern, den Wesel-Datteln-Kanal, kurz darauf die Lippe und hält nach sechs Minuten Fahrt in Haltern (Westf), am Mittelbahnsteig mit der historischen Bahnsteigüberdachung; das Münsterland ist erreicht. In Haltern beginnen und enden die Züge der Linie Wuppertal–Essen–Haltern (KBS 446), die ihren Weg nicht über Marl-Sinsen, sondern über Marl-Hamm nehmen, die beiden Strecken trennen sich südlich des schon erwähnten Wesel-Datteln-Kanals. Zahlrei-

che Gütergleise und ein Rest vom Schuppen des ehemaligen Bahnbetriebswerkes Haltern zeugen von der einstmals größeren Bedeutung der Station. Immer noch in reichlicher Anzahl zu sehen sind hier Güterwagen der Bauarten Ucs und Tds mit der Aufschrift „Quarzwerke“, Modellbahnern sicher nicht unbekannt. Am südwestlichen Bahnhofskopf ist auch noch das abzweigende Gleis der ehemaligen Verbindung nach Dorsten–Wesel zu sehen.

Weiter geht es zum knapp 5 km entfernten Haltepunkt Sythen, Tarifgrenze für den Verkehrsverbund Rhein-Ruhr. Nach Verlassen des Haltepunktes passieren wir den Betriebsbahnhof Sythen mitsamt dem Sythener Stellwerk – hier mündet der Anschluß der dortigen Quarzwerke und der WASAG-Chemie ein – und kommen 6 Minuten später am unteren Bahnsteig des Turmbahnhofes Dülmen zum Stehen. Im oberen Bahnhofsteil verlaufen die Gleise der Strecke Dortmund–Gronau, direkt am Kreuzungspunkt steht das moderne Fahrdienstleiterstellwerk. Vor Einrichtung des Turmbahnhofes gab es zwei Dülmener Bahnstationen, den Bahnhof Dülmen an unserer Strecke und den Bahnhof Dülmen Ost an der Gronauer Bahn, der von Umsteigern nach 800 m Fußweg erreicht werden konnte.

In die Geschichte eingegangen ist der nun folgende kleine Bahnhof Buldern durch den „Tollen Bomberg". Vielleicht lassen Sie sich die Geschichte einmal im Zug erzählen? Nach vier Minuten Fahrt ist Appelhülsen erreicht, weitere drei Minuten später die zum Haltepunkt zurückgebaute Station Bösensell. Das dortige Stellwerk wird übrigens von Münster aus ferngesteuert. Eine Neugestaltung des Bahnhofsumfeldes erfolgte im Herbst 1994, unter anderem wurden zahlreiche PKW-Stellfächen geschaffen, um den vielen Pendlern eine Abstellmöglichkeit zu bieten. Der Haltepunkt Albachten, am Rande des Münsteraner Vorortes gelegen, sollte bereits 1992 aufgelassen werden. Eine Albachtener Bürgerinitiative setzte sich jedoch bislang erfolgreich für den Erhalt der Bahnstation ein. Bekanntlich gibt es im Münsterland noch keinen Gemeinschaftstarif der Bahn und der Busgesellschaften. Mit der Münster-Karte, einer preisgünstigen Monatskarte für das Stadtgebiet Münster, sind jedoch bereits Busse und Bahnen im Stadtgebiet nutzbar, ein erster Schritt in die richtige Richtung. Mit unserer RSB legen wir allerdings in Albachten keinen Halt ein, nur die Nahverkehrszüge ermöglichen hier das Aus- oder Zusteigen. Im Gegensatz zu Albachten konnte die Abzweigstation Mecklenbeck nicht gehalten werden. Nach Verlust der Halte der Coesfelder Strecke im Jahre 1982 entfielen zum Fahrplanwechsel im Juni 1991 auch die Zughalte der Strecke Essen –Münster. Die Stadt Münster trägt sich allerdings mit dem Gedanken der Neueinrichtung einer Station Mecklenbeck wenige hundert Meter weiter östlich,

Den Betriebsbahnhof Sythen hat 110 440 mit E 3420 Münster–Essen bereits passiert, als sie am Haltepunkt in Sythen am 18.7.1989 ihren planmäßigen Halt einlegt. (CS)

In Mecklenbeck hält zwar kein Zug mehr, trozdem gibt es dort einen interessanten Bahnhof; davor 110 249 am 18.12.1992 mit RSB 3418 Münster–Essen. (WP)

am Rande eines Gewerbegebietes. Nach Passieren des Betriebsbahnhofes Geist, wo von rechts die Strecke von Dortmund hinzukommt, und nach Unterquerung der Hammer Strecke wird, vorbei an den Wartungsanlagen für den Münsteraner Personenwagenpark, nach insgesamt 38 Minuten Fahrt der Hauptbahnhof Münster erreicht.

Entlang der Lippe

HALTERN–WESEL

Nicht mehr viel geblieben ist von der am 1. März 1874 als Teilstück einer Verbindung Hamburg–Venlo (NL) von der Köln-Mindener Eisenbahn-Gesellschaft eröffneten Strecke Haltern (Westf)–Wesel. Nach Einstellung des Personenverkehrs (mit den Stationen Haltern, Lippramsdorf, Hervest-Dorsten, Schermbeck, Damm, Drenvenack und Wesel) auf diesem Teilstück im Jahre 1962 und dem späteren Abbau einzelner Streckenabschnitte liegen heute noch Gleise zwischen Wesel und Drevenack (als Anschlußgleis der RWE), von Hervest-Dorsten bis zum Anschluß VEW westlich von Lippramsdorf sowie einige Meter im Bahnhofsbereich von Haltern.

16 Empfehlenswerte Fotostandorte

Fotos sind immer Geschmacksache, und die Vorlieben bei den Motiven sind auch unter Eisenbahnfreunden (und -freundinnen) verschieden. Die nachfolgende Auflistung von Fotostandpunkten kann daher nur als Empfehlung verstanden werden, ohne Anspruch auf Vollständigkeit.

Bei einigen Fotomotiven haben wir zur Erleichterung der Motivsuche einen möglichen Standort für den Fotografen genannt. Die teils üppige Vegetation am Bahndamm macht auch im Münsterland und im Emsland an einigen Strecken ein Fotografieren der Züge auf freier Strecke fast unmöglich.

Für die Motivsuche und die Bereisung des Münsterlandes und Emslandes empfiehlt sich die Anschaffung einer topographischen Karte 1:50000, die es auch preisgünstig als Kreiskarte gibt. Informationen über die Region, über Unterkünfte und Besichtigungsmöglichkeiten der vielen Sehenswürdigkeiten des Münsterlandes und des Emslandes geben die Verkehrsämter der einzelnen Orte sowie der

Landkreis Emsland, Ordeniederung 1, 49716 Meppen, und der

Fremdenverkehrsverband Münsterland, Hohe Schule 13, 48565 Steinfurt.

Eine umweltfreundliche und sehr populäre Fortbewegungsart im Münsterland und im Emsland ist die Benutzung des Fahrrades – eine Möglichkeit, die Region zu erkunden und Fotostandpunkte zu erreichen, die auch der mit der Bahn angereiste Eisenbahnfreund nutzen sollte. Die Vermietstationen der DB sind im Kursbuch bei den jeweiligen Streckentabellen aufgeführt. Daneben gibt es zahlreiche andere Vermieter. Die oben erwähnten Verbände bieten auch mehrtägige Radtouren (mit vorher gebuchten Übernachtungen und Gepäcktransport) an.

Viele aktuelle Informationen (Umlaufpläne, Güterzugfahrzeiten) über das Eisenbahngeschehen in der Region können Interessierte zudem der von den Eisenbahnfreunden der Arbeitsgemeinschaft Schienenverkehr Münsterland herausgegebenen Schriftenreihe „Bahn-Regional" entnehmen.

Fotostandorte im Münsterland und im Emsland

Bereich Münster Hauptbahnhof

- Münster Hbf, Nordkopf: vormittags vom Park-and-Ride-Platz, Zugang vom Bremer Platz, mittags bis nachmittags von den nördlichen Bahnsteigenden.
- Münster Hbf, Südkopf: vormittags Ende 2. und 3. Bahnsteig; nachmittags 1. Bahnsteig, von hier auch Blick auf den Lokschuppen.
- Münster, Güterbahnhof, nördlicher Bereich: nachmittags Nähe Güterabfertigung, ehemalige Verladestelle für Auto-im-Reisezug.
- Münster, Güterbahnhof, Mitte: vormittags vom Industrieweg; nachmittags von der Dammstraße aus (Abstellgleise und Tankstelle für Triebwagen am ehemaligen Kohlenbansen).

- Münster, Güterbahnhof, südlicher Bereich: nachmittags vom Alfred-Krupp-Weg.
- Münster, Containerbahnhof: Zugang von der Robert-Bosch-Straße, vormittags.
- Münster, Betriebsbahnhof Geist: Überführung der Hammer über die Wanner und die Dortmunder Strecke; Züge von Haltern und Dortmund. Standort: Brücke der Hammer Straße, Nähe Preußen-Stadion.

Güterumgehungsbahn
- Aufnahmen im Bereich der Kanalbrücke (Dortmund-Ems-Kanal) im Gewerbegebiet Süd. Standort: Leinpfad.

Osnabrück – Rheine – Bad Bentheim (KBS 375)
- Osnabrück: ausfahrende Züge mit Blick auf den Turmbahnhof. Standort: Fußgängerbrücke über die unteren Gleise.
- Velpe: östliches Stellwerk mit Zügen aus Osnabrück.
- Laggenbeck: Empfangsgebäude. Standort: Bahnsteig Richtung Osnabrück.
- Esch: E-Loks der Preussag.
- Hörstel: westliches Stellwerk.
- Rheine: Brücke über die Ems.
- Rheine: Stellwerk Abzweig Emsbrücke mit Zug aus Rheine. Standort: Fußweg parallel zum Gleis (Teleaufnahme).
- Rheine: Stellwerk mit Zügen aus Salzbergen. Standort: Bahnsteig.
- Salzbergen: Bahnhof und Ortskulisse mit Zügen aus Rheine. Standort: Straßenbrücke über den südlichen Bahnhofskopf.
- Schüttorf: Brücke über die Vechte.
- Bad Bentheim: diverse Motive durch den Lokwechsel DB/NS; siehe auch unter BE.
- Zwischen Bentheim und Grenze: niederländische Lokomotiven unter deutscher Fahrleitungsbauart/Standort u.a.: ehemaliges Fahrdienstleiter-Stellwerk Gildehaus; Brücke der Kreisstraße Nordhorn – Gronau über die Bahn bei der Siedlung Westenberg (westlich Gildehaus).
- Grenze DB/NS: Wechsel der Fahrleitungsbauart und des Oberbaus.

Osnabrück-Eversburg – Mettingen – Altenrheine (RVM – ehemals Tecklenburger Nordbahn).
- Werser Holz: Landschaftsaufnahmen.
- Westerkappeln: Ausfahrt mit Zug nach Rheine.
- Westlich von Westerkappeln: Landschaftsaufnahmen.
- Espel: Durchfahrt durch die Siedlung.
- Südlich Recke: Kanalbrücke.
- Uffeln: Bahnhofsdurchfahrt und Anschluß zum Hafen.
- Kanalhafen: Kanalbrücke.

Ibbenbüren – Gütersloh (TWE)
- Zwischen Brochterbeck und Bocketal: Ein Teil des Streckenverlaufes läßt sich hier von steil aufragenden Felsen herab betrachten, wenn man vom Bahnhof Brochterbeck einen etwa viertelstündigen Fußmarsch antritt (auf dem Hermannsweg in westlicher Richtung).
- Tecklenburg: Empfangsgebäude mit Zug; schöne Motive ferner westlich des Bahnhofs und östlich davon mit Steigung Richtung Autobahn.
- Lengerich: In Lengerich-Hohne, wo sich Werkstatt und Bahnbetriebswerk befinden, gibt es immer etwas Interessantes zu entdecken. Standort: Fußgängerbrücke.
- Zwischen Lengerich und Bad Iburg: Hier kann man gut von der parallel zur Strecke verlaufenden Landstraße fotografieren, immer den Höhenzug des „Teuto“ im Hintergrund.
- Bad Iburg: Empfangsgebäude mit Zug.
- Harsewinkel: umfangreicher Anschlußverkehr zum Landmaschinenhersteller Claas; Empfangsgebäude mit Zug.
- Gütersloh Nord: Kopfbahnhof, zweiständiger Lokschuppen.

Bad Bentheim – Coevorden (BE)
- Bad Bentheim: An der Dieseltankstelle, wo bei Dienstruhe meist die ehemalige DB-Köf II abgestellt ist, befindet sich auch noch ein Wasserkran aus Dampflokzeiten.
- Quendorf: ehemaliges Empfangsgebäude mit Zug.
- Hestrup: ehemaliges Empfangsgebäude mit Zug.
- Nordhorn: Empfangsgebäude, Güterhalle.
- Neuenhaus: Bahnhofsanlage, Lokschuppen mit Portaldrehscheibe; nicht minder interessant sind zahlreiche hier abgestellte „exotische“ Güterwagen-Typen.
- Esche: Anschlußstrecke nach Osterwald.
- Emlichheim: Anschlußstrecke, Kurve am Bahnhof und die anschließende Allee.
- Laarwald: In der letzten Station auf deutschem Gebiet bieten Dutzende von Ucs-Wagen und die hohen Zementsilos ein außergewöhnlich „helles“ Bild.
- Coevorden (NL): Als besonderer technischer Höhepunkt mag die Drehbrücke über den Coevorden-Vecht-Kanal in Coevorden gelten, nachmittags gut vom Westufer aus zu fotografieren.
- Gesamte Strecke: Hier bieten sich zahlreiche Standorte in einem landwirtschaftlich intensiv genutzten Gebiet (Kühe als Vordergrund sind zahlreich vorhanden).

Bad Bentheim – Ochtrup-Brechte (BE)

Aufnahmen westlich von Bad Bentheim mit Schloß im Hintergrund; Aufnahmen südwestlich von Gildehaus von einer Straßenbrücke.

Münster – Osnabrück (KBS 385)
- Münster: Im Bereich der Schleuse/Überquerung Dortmund-Ems-Kanal ergeben sich Fotomöglichkeiten. Standort: Straßenbrücke Schiffahrter Damm oder Leinpfad am Kanal nördlich der Schleuse (von letzterem: nur spätnachmittags).

- Münster: Züge aus Münster mit Silhouette der Stadt, mehrere Kirchtürme. Standort: Straßenbrücke Schiffahrter Damm.
- Münster-Handorf: Züge aus Münster im freien Feld und Züge aus Osnabrück mit Betriebsbahnhof Ems. Standort: Straßenbrücke Dorbaumstraße.
- Zwischen Westbevern und Lengerich: Mehrere Straßenbrücken erlauben Streckenaufnahmen, auch mit dem Höhenzug des Teutoburger Waldes im Hintergrund.
- Lengerich: Werkstätte der TWE mit Zügen aus Münster. Standort: Fußgängerbrücke am südöstlichen Bahnhofskopf.
- Bei Natrup-Hagen, in einer Bauerschaft: Posten 103 mit Zügen oder kleiner Teich mit Zügen im Hintergrund.
- Hasbergen: Lokomotiven der GME. Standort: Bahnsteig oder Straßenbrücke.

Münster – Rheine – Leer (KBS 395)
- Bei Münster: Betriebsbahnhof Nevinghof (Hp Münster Nord) mit Zügen aus allen Richtungen.
- Südlich von Sprakel: Aa-Brücke.
- Mesum: Züge mit dem sehenswerten älteren Empfangsgebäude, nachmittags im besten Licht.
- Rheine: Auf dem ehemaligen Bw-Gelände kann in der KLV-Umladestation moderner Güterverkehr beobachtet werden.
- Rheine: einfahrende Züge aus Salzbergen mit Stellwerk. Standort: Bahnsteig.
- Leschede: Stellwerk an der nördlichen Bahnhofseinfahrt mit Zügen aus Lingen.
- Bei Hanekenfähr: Emsbrücke. Standort: östlich der Bahn, südwestlich der Ems.
- Lingen: Züge aus Meppen mit altem AW-Gelände und Wasserturm. Standort: Bahnsteig.
- Lingen: Züge nach Meppen mit nördlichem Stellwerk. Standort: am Bahnübergang, Weitwinkel empfohlen.
- Zwischen Meppen und Lathen: Übergabezug mit Lok der Emsländischen Eisenbahn.
- Dörpen: Brücke über die Schleuse des Küsten-Kanals mit Zügen aus beiden Richtungen. Standort: Parallele Straßenbrücke über den Kanal.
- Papenburg: Klappbrücke über einen Wasserweg des Hafens mit Zügen aus Meppen. Standort: Hausbahnsteig.
- Ihrhove: Am Abzweig der Strecke nach Weener befindet sich noch ein ehemaliges Stellwerk (heute Schrankenposten), das sich wegen seiner Bauart anbietet.
- Leer: alte Bahnsteigüberdachung.
- Emden: Klappbrücke über einen Hafenkanal zwischen Emden Rbf und Hauptbahnhof.
- Norden: Stellwerk am Bahnsteig.
- Norddeich: Stellwerk am Nordende ("Ausfahrt" Richtung Mole). Schließlich bietet das Streckenende, der Bahnsteig von Norddeich Mole, ein interessantes Motiv, indem der Zug von Fährschiffen und Fischkuttern umgeben ist.

Lingen – Berge – Quakenbrück
- Berge: zwei ehemalige Wagen der Kleinbahn vor dem früheren Berger Bahnhofsgebäude.

Meppen – Haselünne – Essen (Oldb)
- Haselünne: Zugverkehr mit Lokschuppen oder Empfangsgebäude.
- Herzlake: Zug am Abzweig der Stichstrecke nach Herzlake.
- Herzlake: Zug auf dem Abzweig mit restauriertem Bahnhofsgebäude.
- Essen – Löningen: zahlreiche schöne Landschaftsmotive.

Lathen – Werlte
- Sögel: Zug mit Bahnhofsgebäude.
- Ostenwalde: alter Bahnsteig.
- Werlte: Zug mit Empfangsgebäude oder Lokschuppen. Standort: an der Ladestraße.

Münster – Warendorf – Rheda-Wiedenbrück (KBS 406)
- Bei Münster-Handorf: „Nobis Krug" mit Zügen aus Warendorf. Standort: Zufahrt Gaststätte „Nobis Krug" (Weitwinkel).
- Telgte: einfahrende Züge aus beiden Richtungen. Standort: Fußgängerbrücke im Bahnhof.
- Westlich von Warendorf: Streckenaufnahmen mit Zügen aus Warendorf. Standort: Weg bei km 22,8; Streckenaufnahmen mit Zügen aus Münster. Standort: Weg bei km 23,0.
- Warendorf: Zugkreuzung. Standort: Bahnsteig.
- Warendorf: östliches Stellwerk mit Zug aus Rheda-Wiedenbrück. Standort: Hausbahnsteig. Östlich von Warendorf: von der Brücke der B 475 über die B 64 und die Bahn; mit Telegrafenleitungen.
- Bei Vohren: Telegrafenleitungen.
- Beelen: Empfangsgebäude und Zugkreuzung.
- Östlich von Beelen: Telegrafenleitungen.
- Clarholz: Ortsdurchfahrt.
- Herzebrock: Empfangsgebäude mit Zug. Standort: Bahnsteig oder Ladestraße.

Lippstadt – Rheda-Wiedenbrück
- Lippstadt: Übergabezug auf dem verbliebenen Abschnitt am Anschluß Kisker.
- Bad Waldliesborn: ehemaliger Haltepunkt mit Schienenbusbeiwagen.
- Rheda-Wiedenbrück Süd: Übergabezug.

Münster – Neubeckum (WLE)
- Münster: Lokschuppen der WLE im Bahnhof Münster Ost; Brücke über den Dortmund-Ems-Kanal.
- Gremmendorf: Lokdenkmal preußische T 9.3, vormals Georgsmarienhütter Eisenbahn, zuvor DRG 91 319, neben der Strecke.
- Albersloh: südlich des Ortes, Züge nach Neubeckum, mit Ortskulisse und Trapeztafel.
- Albersloh und Sendenhorst: Aufnahmen von Zügen mit ehemaligem Empfangsgebäude.

- Zwischen Albersloh und Sendenhorst: Aufnahmen von der parallel zur Straße verlaufenden Strecke, zum Beispiel am ehemaligen Haltepunkt Alst.
- Zwischen Sendenhorst und Enniger: zahlreiche Fotostandpunkte in landwirtschaftlichem Ambiente.

Neubeckum–Anneliese (WLE)

Die Bahnhöfe „Kalköfen" und „Anneliese" (südlich beziehungsweise nördlich von Ennigerloh) mit den Zementwerken bieten sich hier für typische Aufnahmen an.

Münster–Burgsteinfurt–Gronau (KBS 407)

- Münster: Brücke über die Aa. Standort: Straße „Zum Rieselfeld" östlich vom Bahnübergang, vormittags.
- Nienberge: einfahrende Züge aus Münster, schöner Baumbestand. Standort: Bahnsteig.
- Altenberge: einfahrende Züge aus Münster mit Stellwerk. Standort: Bahnsteig.
- Borghorst: einfahrende Züge aus Gronau mit Stellwerk. Standort: Ladestraße.
- Burgsteinfurt: Blick auf den Bahnhof mit Empfangsgebäude und Bahnsteigen. Standort: Fußgängerbrücke im Bahnhofsbereich.
- Gronau: Stellwerk „Gf" mit einfahrenden Zügen. Standort: Bahnsteig.

Ochtrup–Rheine

- Straßenrollerbetrieb bei Neuenkirchen.

Coesfeld–Münster (KBS 408)

- Coesfeld: Züge am Bahnsteig 1 mit Linienbussen auf der anderen Bahnsteigseite. Standort: Bahnsteig.
- Coesfeld: Posten 33 im Coesfelder Stadtgebiet mit Zügen aus Münster. Standort: Bürgersteig.
- Lutum: Züge aus Münster am Bahnsteig. Standort: Bahnsteig.
- Lutum: Streckentrennung Rheine/Münster mit Zügen aus Münster. Standort: Bahnsteiganfang (Tele).
- Billerbeck: von Coesfeld kommende Züge unterhalb der „Weißenburg". Standort: Feldweg neben dem Einfahrsignal.
- Billerbeck: ausfahrende Züge Richtung Coesfeld mit Empfangsgebäude im Hintergrund. Standort: Fußgängerbrücke am nordwestlichen Bahnhofskopf.
- In der Bauerschaft Bombeck: Geländeeinschnitt. Standort: Brücke eines Wirtschaftweges westlich der Siedlung Böckinghausen.
- Westlich von Havixbeck: Strecke mit Vorsignal, Havixbeck im Hintergrund. Standort: Feldweg am Hang oberhalb der Siedlung Poppenbeck.
- Havixbeck: Züge aus beiden Richtungen, schöner Baumbestand. Standort: Ladestraße und Bahnsteig.
- Zwischen Havixbeck und Roxel: Züge aus Coesfeld mit den Baumbergen im Hintergrund; Züge aus Münster beim Verlassen eines Wäldchens. Standort: Tilbecker Straße.

Empel–Bocholt–Borken–Coesfeld

- Übergabezug oder Museumszug des VEFS Bocholt zwischen Mussum und Bocholt, zum Beispiel in Mussum am ehemaligen Bahnhofsgelände oder in Bocholt am Streckenabzweig.
- Übergabezug bei der Bedienung des Industrieparks Bocholt.

Hamm–Münster (KBS 410)

- Bockum-Hövel: Diesellokomotiven der RAG (Strecke nach Stockum).
- Mersch: Empfangsgebäude mit Zügen aus Hamm, vormittags.
- Drensteinfurt: Fahrdienstleiter-Stellwerk „Df", Empfangsgebäude. Standort: Ladestraße.
- Bei Hiltrup: südliche Kanalbrücke. Standort: Leinpfad neben der Straße „Zum Hiltruper See".
- Münster Hbf: vom obersten Stockwerk des Parkhauses in der Bahnhofstraße (gegenüber dem Paketpostamt).
- Münster Hbf: Einfahrende Züge mit Lokschuppen. Standort: 1. und 2. Bahnsteig.

Bockum-Hövel–Werne Ost (RAG)

- Stockum: Aufnahmen mit Kraftwerk oder mit dem ehemaligen Bahnhofsgebäude beziehungsweise dem Stellwerk.

Dortmund–Münster (KBS 411)

- Lünen Hbf: interessante Anlage mit den beiden Bahnhofsteilen der Strecken nach Münster beziehungsweise Dülmen.
- Capelle: Bahnhof mit Zügen aus Münster. Standort: Straßenbrücke oder Fußgängerbrücke im Bahnhofsbereich.
- Zwischen Capelle und Ascheberg bietet sich nachmittags ein Streckenmotiv im – erstaunlich für das Münsterland – leicht hügeligen Gelände. Standort: Wirtschaftswege, abgehend von der westlich der Bahn gelegenen Verbindungsstraße Capelle – Ascheberg.
- Ascheberg: Nördlich des Bahnhofs führt die Strecke auf dem Damm über zwei tunnelartige, in Klinker gemauerte Straßenunterführungen. Standort: westlich der Bahn, von der B 58 abzweigende Straße nach Nordkirchen.
- Amelsbüren: Kanalbrücke nördlich des Bahnhofs. Standort: Davertstraße, Kanalbrücke oder Leinpfad am Kanal.

Dortmund–Coesfeld–Gronau (KBS 412)

- Lüdinghausen: Dreigurtbrücke über den Dortmund-Ems-Kanal nördlich von Lüdinghausen. Standort: westlicher Leinpfad am Campingplatz.
- Dülmen: rechtwinklige Überführung der Strecke Dortmund –Gronau über die Strecke Münster–Haltern. Standort: Bahnsteig der Strecke 425.
- Lette: ehemaliges Empfangsgebäude (heute Museum).
- Lette – Coesfeld: Strecke mit Windmühle im Hintergrund. Standort: westlich der Bahn, Verbindungsstraße von Lette zur Siedlung Beikel.

- Coesfeld: Stellwerke Cmf und Cn. Standort: letzter Bahnsteig.
- Zwischen Coesfeld und Holtwick: Posten 48 bei Höven. Standort: Straße bei Höven.
- Holtwick: Posten 52 nördlich des Haltepunktes. Standort: Straßenrand oder Feldweg.
- Legden: ausfahrende Züge Richtung Gronau. Standort: ehemalige Laderampe.
- Legden: Posten 56 nördlich von Legden. Standort: nördlich des Postengebäudes.
- Zwischen Legden und Ahaus: Posten 57 mit Zügen aus Coesfeld. Standort: Straßenrand.
- Ahaus: Empfangsgebäude und Zug aus Gronau. Standort: Mittelbahnsteig.
- Ahaus: Stellwerk mit Zwerg-Formsignal und Zug aus Gronau. Standort: Mittelbahnsteig.
- Epe: Stellwerk Epe Nord mit Zug aus Gronau. Standort: Gegenüber dem Stellwerk.
- Gronau: Stellwerk Gnf mit Zug aus Coesfeld. Standort: Bahnsteig.

Ferner sei noch auf die Posten 54 bei Isingort, 61, 62 und 64 zwischen Ahaus und Epe hingewiesen.

Ahaus – Alstätte

- Einfahrt in den Bahnhof Ahaus mit Stellwerk. Standort: Bahnsteig 2.
- Wald und Brücke mit Zug aus Alstätte östlich von Wessum.
- Aufnahmen rund um Wessum.
- Ausfahrt Alstätte mit Lokschuppen.
- Alstätte Bahnhofsgebäude mit Zug.

Wesel – Bocholt (KBS 421)

- Hamminkeln: Empfangsgebäude mit Zug aus Bocholt. Standort: Ladestraße.
- Bei Hamminkeln: Wiese und Wäldchen mit Zug aus Bocholt. Standort: Wirtschaftsweg nördlich von Ringenberg.
- Dingden: Empfangsgebäude; Strecke in beide Richtungen von der Brücke der Straße Dingden – Loikum.
- Bei Dingden: ehemaliger Bahnsteig Lankern in gleichnamiger Bauerschaft mit Zug aus Bocholt. Standort: Wirtschaftsweg.
- Bocholt: Bahnsteig mit Zug und angrenzendem Bussteig. Standort: Bahnsteig.

Dorsten – Borken (KBS 424)

- Hervest-Dorsten: Stellwerk Hf mit Zügen von Borken. Standort: Bahnsteig.
- Deuten: einfahrende Züge aus Borken mit nördlichem Stellwerk. Standort: am Bahnübergang.
- Deuten: einfahrende Züge aus Dorsten mit dem südlichen Stellwerk. Standort: Bahnsteig 1.
- Rhade: einfahrende Züge aus Borken mit nördlichem Stellwerk. Standort: Bahnsteig 1.
- Marbeck-Heiden: Empfangsgebäude mit Zug. Standort: Ladestraße.
- Borken: Empfangsgebäude mit Zug. Standort: Bahnsteig 2.

Dorsten – Coesfeld (KBS 424)

- Hervest-Dorsten: Stellwerk Hf mit Zügen von Coesfeld. Standort: Bahnsteig.
- Wulfen: südliches Stellwerk mit Zügen aus Coesfeld. Standort: am Bahnübergang.
- Maria Veen: Posten 23 in der Bauerschaft südlich von Maria Veen mit Zügen aus Coesfeld. Standort: Straße südwestlich.

Coesfeld – Rheine – Quakenbrück

Falls der Zugbetrieb im südlichen Abschnitt wieder aufgenommen wird, bieten sich dort folgende Fotostellen an: Bahnhof Darfeld mit dem ehemaligen Empfangsgebäude; eine Windmühle in der Bauerschaft Höpingen als Hintergrund; ein Geländeeinschnitt an der Einfahrt Horstmar und der Bahnhof Horstmar.

- St. Arnold: Übergabezug mit ehemaligem Empfangsgebäude.
- Anschluß Karmann: Übergabezug
- Spelle: Übergabezug mit ehemaligem Empfangsgebäude.
-

Haltern – Münster (KBS 425)

- Haltern: alte Bahnsteigüberdachung und Empfangsgebäude mit Zug aus Münster. Standort: Bahnsteig am Gleis 2.
- Dülmen: rechtwinklige Überführung der Strecke Dortmund – Gronau. Standort: Bahnsteig der Strecke 425.
- Appelhülsen: Stellwerk und Zug aus Münster. Standort: Mittelbahnsteig oder Fußgängerbrücke.
- Bösensell: Züge aus beiden Richtungen. Standort: Brücke westlich des Bahnhofs.
- Bösensell: Stellwerk und Zug aus Haltern. Standort: Bahnsteig Richtung Haltern.
- Mecklenbeck: vormittags und mittags am Bahnübergang Heroldstraße. Züge in beiden Richtungen. Spätnachmittags bis abends von der Ladestraße aus (kurz vor 20.00 Uhr ICE Richtung Haltern); zu dieser Zeit auch Züge der KBS 408.

Anhang

Abkürzungen

AAE Ahaus-Alstätter Eisenbahn
AW Ausbesserungswerk
BD Bundesbahndirektion
BE Bentheimer Eisenbahn
BR Baureihe
Bw Bahnbetriebswerk
KBS Kursbuchstrecke
KLV Kombinierter Ladungsverkehr
RAG Ruhrkohle AG
TWE Teutoburger Wald-Eisenbahn
WLE Westfälische Landes-Eisenbahn

Quellenangaben

Bohn, Eckhard; Resing, Volker; Schröder, Clemens: Eisenbahnknotenpunkt Burgsteinfurt. Münster 1987.

Die deutschen Eisenbahnen und ihre Entwicklung von 1835 bis 1935. Berlin 1935.

Ligtenbarg, Arjan: Geschiedenis van de Spoorwegen in Winterswijk & Omstreken. Winterswijk 1989.

Lülf, Heribert; Schröder, Clemens: Heide-Expreß und Baumbergebahn. Münster 1988.

Reckert, Werner: Die Kleinbahn Isselburg–Gendringen. In: Bahn Regional, Nr. 24. Münster 1988.

Schröder, August: Schienenwege ins Emsland. Rheine 1956.

Schröder, Clemens: 110 Jahre Oberhausen–Quakenbrück. Manuskript Münster 1989.

Schröder, Clemens; Schumann, Michael; Smieszchala, Alfred: Münster–Warendorf–Rheda–Lippstadt 1887 – 1987. Münster 1987.

Nordrhein-Westfälisches Staatsarchiv Münster: Diverse Akten zur Eisenbahn; Regierung Münster und Oberpräsidium.

Stadtarchiv Münster: Diverse Akten zur Eisenbahn.

Informationen des Landkreis Emsland.

Informationen des Verkehrsverbandes Münsterland Touristik – Grünes Band.

Informationen zahlreicher Mitarbeiter der einzelnen Bahngesellschaften.

Ergänzende Literatur

1 Allgemein

Arbeitsgemeinschaft Schienenverkehr Münsterland e.V. (Hrsg.): Eisenbahnen im westlichen Münsterland. Münster 1990.

ders., Eisenbahnen im Münsterland – nördlicher, östlicher und südlicher Bereich. Münster 1991.

Fiegenbaum, Wolfgang; Klee, Wolfgang: Abschied von der Schiene – Stillgelegte Bahnstrecken im Personenverkehr Deutschlands 1980 – 1985. Stuttgart 1988.

Freundeskreis Deutscher Bundesbahnbeamter e.V., Münster, und Arbeitsgemeinschaft Bahn-Regional, Münster, (Hrsg.): Eisenbahnen im Münsterland. Münster 1985.

Hülsmann, Lothar: 125 Jahre Eisenbahn in Osnabrück. Freiburg 1982.

2 Speziell auf NE-Bahnen bezogen

Heimatverein Berge (Hrsg.): Kleinbahn-Geschichte Lingen–Berge–Quakenbrück. Quakenbrück 1991.

Heusinkveld, Evert: Die Meppen-Haselünner Eisenbahn. Nordhorn 1994.

Heusinkveld, Evert; Kenning, Ludger: Ahaus-Alstätter Eisenbahn. Nordhorn 1993.

Högemann, Josef: Die Teutoburger Wald-Eisenbahn. Lübbecke 1986.

Wolff, Gerd: Die Privatbahnen in der Bundesrepublik Deutschland. Freiburg 1984.